主管就要這樣帶團隊

領導不是非黑即白，找尋最適當的平衡，極大化你的團隊戰力

喬可・威林克　萊夫・巴賓──著
吳書榆──譯

The Dichotomy of Leadership

Balancing the Challenges of Extreme Ownership to Lead and Win

Jocko Willink
Leif Babin

獻給海豹三隊的蛙人硬漢，尤其是：為國捐軀的馬可・李伊（Marc Lee）、麥克・孟蘇爾（Mike Monsoor）和萊恩・賈伯（Ryan Job）；摯友兼傳奇人物克里斯・凱爾（Chris Kyle）；第四排（Delta Platoon）指揮官賽斯・史東（Seth Stone）。

願我們永遠都讓他們覺得光榮。

目次 Contents

序

戰爭是夢魘。戰爭可怕、無情、深具毀滅性，而且罪大惡極。戰爭即地獄。

但戰爭也是絕佳的好老師，是殘酷的教練。戰爭用鮮血寫成教訓，告訴我們何謂悲傷、失去與痛苦；我們從中也學到了生命是多麼的脆弱，與何謂人性的力量。

當然，我們同時也學到了策略和戰術。我們學會如何用最有效的方法對抗敵人，學會如何分析目標、收集與善用資訊，如何找出敵人的弱點並善加利用。我們運用這些心得，要敵人為了越雷池而付出代價。

以從戰爭中學到的一切來說，最能放諸四海皆準並轉化他用的，就是我們真正理解了領導的力量。我們看到成功的領導者可以在最不可能獲勝時凱旋，也看到不當的領導如何把原本看來攻無不克的團隊拖累得一敗塗地。

我們親身體驗，找到的領導原則就是「簡單，但不隨便」。要有效善用這條原則，必須要花上時間運用各種策略與技巧，反覆演練。高效領導最重要的必要條件就是謙卑，謙卑的領導者才能完全理解並評估自己的缺點。我們在戰場上有很多領悟，試著把這些領悟傳承下去；在此同時，我們每天仍為了自己犯的錯而感到汗顏，時時警惕自己要持續學習。

這本書的根基是我們所寫的第一本書《主管這樣帶人就對了》（*Extreme Ownership: How U.S. Navy SEALs Lead and Win*）。本書為延續之作，在眾多讀過《主管這樣帶人就對了》的讀者要求之下應運而生。我們本書中以清楚明確的描述以及脈絡來闡明各種概念，即使沒讀過前一本書，在閱讀與理解本書時也不會有任何問題。讀者若先讀了《主管這樣帶人就對了》，了解裡面提到的觀念與相關背景，可以更進一步地理解本書的脈絡，有助於帶來更多啟發，但並非必要。

我們在這兩本書中都提到在軍隊裡的經驗，我們兩人都曾擔任海豹部隊的軍官。我們所悟出的心得，有一大部分是來自於二〇〇六年的拉馬迪之戰（Battle of Ramadi），在這場戰事裡，我們在海豹三隊布魯瑟任務小組（SEAL Team Three, Task Unit Bruiser）擔任領導幹部。布魯瑟小組的海豹部隊弟兄，在這場戰事裡表現出非凡的勇氣與毅力，在戰場上留下了極大的影響，但小隊也死傷慘重。我們絕對不會忘記他們的犧牲。

我們自美國海軍退役之後，合力開了一家名為「前線部隊」（Echelon Front）的顧問公司，要和各式各樣的領導者分享我們學習到的心得。二〇一五年時，我們出版了《主管這樣帶人就對了》，透過這本書，全球各地的領導者大力擁抱書中傳達的基本原則，接受抱持絕對責任（Extreme Ownership）的心態，恪守四大作戰法則：掩護與行動（Cover and Move）、簡化任務（Simple）、判斷狀況的緩急輕重與執行（Prioritize and Execute）以及釋出指揮權（Decentralized Command）。超過百萬讀者都認同這些信條，並落實在自己的專業以及個人生活中，成果豐碩。

但是，要讓這些原則發揮完全的效果，是極具挑戰性的任務。如果忽略或誤解細微之處，反而會引發難以克服的障礙。我們撰寫本書，為的是要提出精細的洞見與理解，因為這些常是決定成敗的因素。無論你要領導的是戰役、事業還是生活，本書都能幫助你，讓你在消化、分析與應用這些領導原則到身處的戰場時，更能得心應手。

本書的格式，對應了《主管這樣帶人就對了》：本書同樣分成三大部分、每部分有四章、每一章又分三節。每一章的第一節先敘述從戰鬥或是接受海豹部隊訓練時的經驗，第二節討論相關原則，第三節則會說明如何把這一章的概念直接應用到業界。

《主管就要這樣帶團隊》並非伊拉克戰爭的回憶錄。我們在《主管這樣帶人就對了》裡也說過：「本書的重點是領導，對象是大大小小的團隊領導者，是所有的男男女女，是每一位渴望讓自己變得更好的人們。雖然書中細數了刺激的海豹部隊戰鬥行動，但本書……是我們從經驗中領悟到的教訓總合，要用來幫助其他領導者獲取勝利。如果本書能成為有用的指引，幫助渴望打造、訓練與領導高效能勝利團隊的領導者一臂之力，那就達成目標了。」

我們描述的戰鬥與訓練經驗全屬事實，但是提到這些事件的用意，不在於以歷史為鏡，我們寫出當時的對話，是為了傳達訊息和對話的意義。這些內容並不完美，也會因為時間久遠和記憶誤差而與事實有些出入。我們也隱藏起特定的戰術、技巧與程序，確保不會有洩漏特定行動的時間地點以及參與者等機密資訊的疑慮。我們遵循美國國防部（U.S. Department of Defense）的要求，把稿子送交五角大廈（Pentagon）並經由安全性審查流程核可。除非是已逝的弟兄或是早已為公眾所知的海豹部隊成員，不然我們不會使用同袍的真實姓名。目前在海豹部隊服役的弟兄都是不求揚名的無名英雄，我們也以最嚴肅的態度承擔起保護他們的責任。

我們以同等謹慎的心情，來保護我們在拉馬迪戰役以及其他地方一同出生入死的陸軍和陸戰隊隊員★。他們展現的非凡領導、犧牲與英勇，長留我們的記憶。然而，為了確保他們的隱私和人身安全，除非大眾都已經知道他們是誰，不然我們也不會使用真實姓名。

同樣的，我們也盡一切可能保障前線部隊顧問公司客戶的相關機密。我們避提很多公司名稱，改掉很多人的姓名與職稱，有些時候甚至避免使用產業特有資訊或是稍作修改。我們在《主管這樣帶人就對了》裡也用了類似的手法，我們所講述的商業事件直接以真實經驗為本，但在某些情況下會把幾種情節彙整在一起、濃縮事件時間或是替換細節，以保護對方的隱私或者更凸顯出我們試著說明的基本原則。

看到《主管這樣帶人就對了》的觸角與影響力遍及全球，讓人感到欣慰，看到許多領導者都能藉由書中指引的原則成功達成目標，特別激勵人心。然而，也有些人誤解了本書的宗旨，即書中強大的基本原則：絕對責任的心態，多數時候情況並不那麼絕對。領導者要做的是求取平衡，必須在多股互相角力的力道之間找到最佳狀態：積極而謹慎，有紀律但又不頑固，是領導者也必須是跟隨者。這番道理幾乎在領導的每一個面向都適用，很多面向都有其二元性，在每一個地方達成適當的平衡，是領導最困難的一面。

我們撰寫《主管就要這樣帶團隊》一書，用意是要協助領導者理解這項挑戰，並找到必要的平衡點，以最高效的方式領導並求勝。不管在哪個領域，必須達到平衡才能有最佳表現。領導者強加太多權威，團隊在執行時會心不甘情不願；權威不足，團隊則無方向可

★ 根據美國國防部的政策，當「軍人」（Soldier）一詞首字大寫，專指「美國陸軍」；「陸戰隊」（Marine）一詞首字大寫，專指「美國陸戰隊」，本書全書遵循此一原則。

循。領導者太過積極，會讓團隊與任務遭遇風險；但如果他們遲遲不決，同樣也會造成大災難。領導者在訓練團隊時過於嚴苛，成員將會精疲力竭；然而，倘若訓練沒有挑戰性也不務實，團隊就無法做好準備以迎接他們要面對的真實情境。類似的二元性我們可以繼續舉例說下去，每一種都需要達成平衡。

自《主管這樣帶人就對了》問世以來，我們和來自幾百家企業、組織的幾千位領導者合作，我們被問到的問題，絕大部分都圍繞著以下這個概念與兩難：要如何才能在領導的二元性中找到平衡？

為了專門因應這些問題，我們寫了這本書。就像我們在《主管這樣帶人就對了》的序言裡說過的，我們沒辦法什麼問題都能回答，這誰都做不到；然而，身為戰地領導者的我們在面對每一次的成功或失敗時，都從中學到讓人非常謙卑的寶貴心得。多半時候，失誤和挫敗帶給我們的是最彌足珍貴的教訓，幫助我們學習與成長。直到今天，我們仍持續學習成長。

本書是以《主管這樣帶人就對了》的概念為根基，因此，我們在前一本書裡所寫的序言也同樣適用：

我們寫作本書，是為了掌握這些領導力原則以流傳後代，不讓這些原則為人所遺忘。人們不需要藉由啟動與終結新的戰爭來重新學習，不要再用更多的鮮血來更新這些殘酷的教訓。

我們寫作本書，希望讓領導的心得延續下去，除了在戰場之外，也能在所有領導情境中影響各個團隊，不管是任何公司、團隊或組織，只要是有一群人努力朝向目標邁進並達成使命的情況，都能發揮作用。我們寫作本書，期待各地的領導者也能善用我們學到的領導與求勝原則。

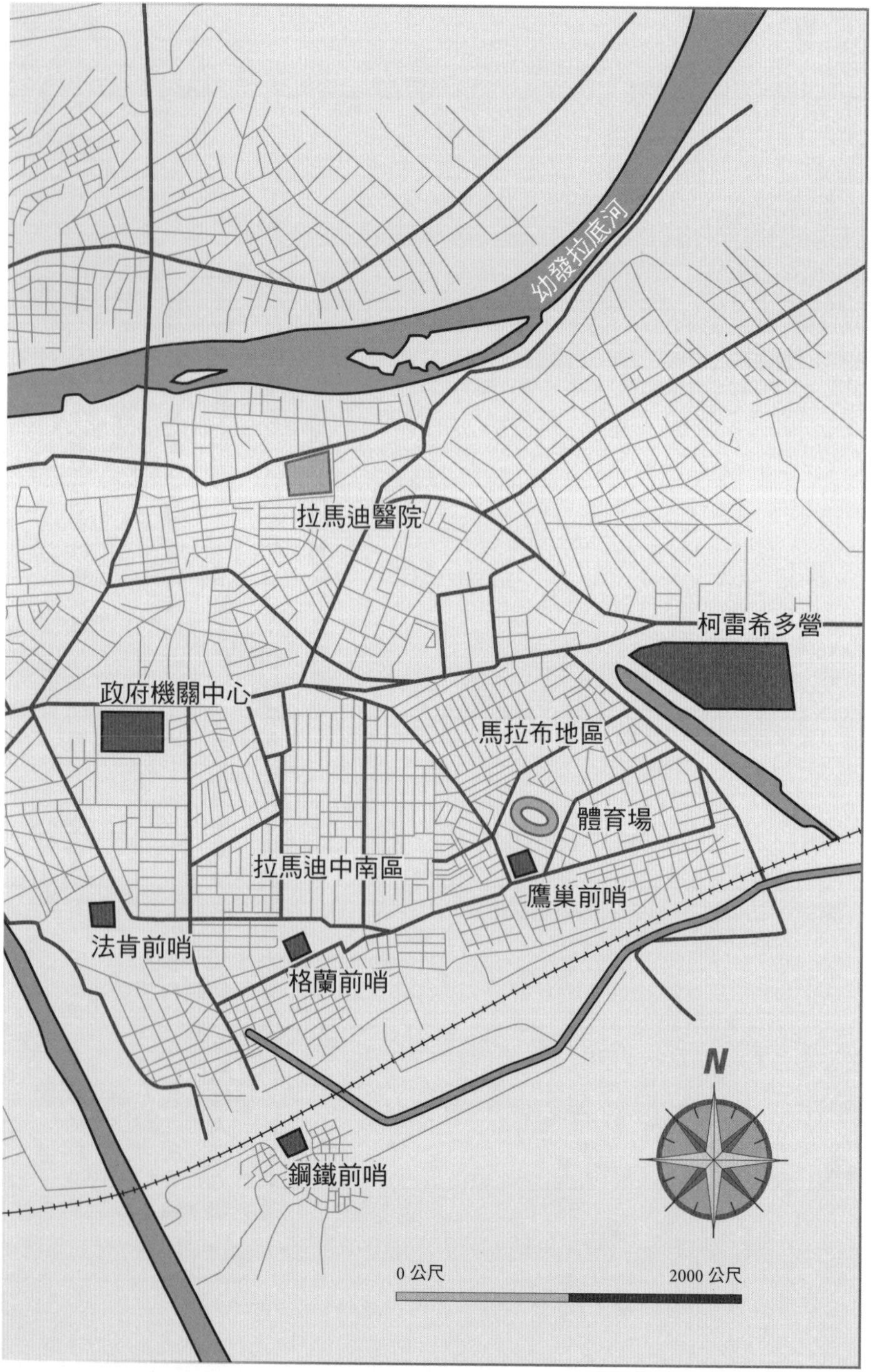

幼發拉底河
拉馬迪醫院
柯雷希多營
政府機關中心
馬拉布地區
體育場
拉馬迪中南區
鷹巢前哨
法肯前哨
格蘭前哨
鋼鐵前哨
N
0 公尺
2000 公尺

伊拉克拉馬迪地區
馬可・李伊營區／
鯊魚基地
藍鑽營
拉馬迪營區
颶風點營
玻璃工廠
密西根道
哈巴尼亞運河
退伍軍人事務
大樓觀察站
塔米姆
鐵路
土耳其
伊朗
伊拉克
敘利亞
拉馬迪區
巴格達
科威特
沙烏地阿拉伯
波斯灣
美軍位置
2015 EMILY LANGMADE

前言

找到平衡

萊夫・巴賓

2006

伊拉克拉馬迪中南區J街區
J-Block, South-central Ramadi, Iraq

「待命，等著來一點。」內部無線電傳來一個聲音，說話的人冷靜從容，你會誤以為是飛機上的機組人員在廣播，要旅客把餐桌收起來準備降落。我們眼前的街道空無一人，彷彿變魔術一樣，當地人忽然之間全部不見蹤影。我們都知道這代表什麼意思：敵人馬上就要發動攻擊了。我全神貫注，後頸的寒毛也跟著豎了起來。

在拉馬迪歷經幾次慘烈槍戰之後，「待命，等著來一點」變成大家流傳的玩笑話，當我們知道麻煩即將到來時用來緩解緊張氣氛。在最可怕的環境下愈是把話說得輕描淡寫，就愈是有趣。

大白天裡，海豹部隊的巡察兵和伊拉克的士兵徒步走過狹窄的城市街道，街道兩邊都有水泥高牆，涇渭分明。

忽然之間，整個世界炸開來了。幾十發的子彈劃破空氣，每一發都發出了犀利的超音速爆裂聲，以雷霆般的氣勢射入我身邊的水泥牆，水泥碎屑四散。齊發的子彈砲火猛烈，聽起來像是很多電鑽同時鑽動我們身邊所有的街道和牆面。

我們就像是被放在敵人的大型電鋸下任人宰割。叛軍用機槍從四面八方發動攻擊，我看不到他們，也不知道他們從何處射擊，只有子彈不斷地從身邊呼嘯而過。

我們無處可躲。拉馬迪中南區的街道狹窄，兩邊都是高牆，完全沒有掩護。擋在我們和敵人的機槍之間的，只有大約一條街外一輛停在路邊的車，以及散落四處的尋常垃圾。巡察以雙縱隊的方式進行，街道兩邊各有一隊，蹲低貼著牆面前進。我們身後沒有什麼東西可以保護我們免受子彈傷害，但我們也有優勢：強大的火力。我們每次巡察挺進敵境時都預期會開火交鋒，總是重裝上陣。海豹部隊有八個小隊，每一個小隊至少配有四把彈鏈式機槍，以壓制任何遭遇到的敵軍攻擊。槍林彈雨當中，我們以猛爆的優勢火力做出的立即反應，給出了因應這種情境的唯一答案：掩護與行動。布魯瑟任務小組在幾個月的城市戰鬥經驗裡學到了讓人謙卑的教訓，充分演練了這項基本作戰法則。

迅雷不及掩耳之間，以大型機槍為前導的海豹部隊，對敵方施加以最無情、最致命的炮火攻擊。雖然近身巷戰猛烈且激烈，但我忍不住泛起笑意。

唉，我太愛這些傢伙了：這些蛙人硬漢揹著沉重的Mk48和Mk46機槍（全稱分別是馬克四十八型與馬克六十四型）★以及幾百發子彈，身上還穿戴防彈背心、頭盔、無線電、水以及其他規定的裝備，更要頂著伊拉克夏日豔陽的高溫灼燒。

這些海豹部隊的機槍手保護我們性命。我們的狙擊手殺了很多壞蛋，他們享有的功勞實至名歸，然而，替我們壓制敵人砲火威脅的，則是海豹部隊的機槍手。他們或站或蹲，把機槍架在肩膀上發射，而且精準無比。機槍火力要不讓叛軍無法朝我們射擊，要不就逼得他們要找掩護，這讓我們可以機動調度、從側翼攻擊或者單純從街上撤離、遠離傷害。然有幾十發子彈打在我們身邊的街道和牆壁上，但無人受傷。這就是「掩護與行動」美妙之處。

身為第三排的指揮官兼戰場上的資深人員，我很想做個決定，傳下口頭命令要大家深入探勘，選擇附近一棟建築物當成「要塞」，在這裡，我們前有水泥牆可為屏障，也可以

★ Mk48：是馬克四十八型（Mark 48）機槍的簡稱，這是專為美國海軍海豹部隊設計的七．六二釐米北約彈中型機槍，馬克四十六型（Mark 46）算是小兄弟，是比較輕的中型機槍，使用口徑比較小的五．五六釐米北約彈。

設置警戒，並以屋頂當作制高點。我們可以從此處鎖定敵方位置，派出一個小隊從側翼攻擊，或是召來坦克部隊炸他們個片甲不留。我從小就夢想著能成為領導者帶頭戰鬥，早在中學時就讀到海豹部隊這個傳奇的海軍特別作戰小組，從那時候起便想要成為其中的一員。在像拉馬迪這樣的地方帶領大家打一場激烈的戰鬥，是這場夢想的終極版。我的每一寸身體都想要挺身而出、主導局面，傳下聲響大過於激烈槍戰的號令，讓大家都聽到。

但我不是負責的人。

這場戰事的領導者，是第三排最資淺的副排長（或者稱為助理主管官〔assistant officer in charge〕，簡稱ＡＯＩＣ），是第三排裡面經驗最少的軍官。這是他的作戰行動，由他負責號令。

如果他或其他人需要我，如果情況緊急不得不然，我必定義不容辭並做出決定。然而，他是出色的軍官，搭檔湯尼．義夫拉提（Tony Eafrati）是傑出且經驗豐富的排長，我完全信任我的副排長，他也一次又一次證明了自己。

很快地，這位副排長指向一棟大型建築物，要把這裡作為要塞。打前鋒的海豹部隊架好壓制性火力，其他隊員移往後巷通道的入口，進入建築物。

從我所在的位置往巡察隊的中間看去，我看到前方幾條街外至少有一個敵人開火位置。我從掛在Ｍ４來福槍下方的Ｍ２０３榴彈發射器射出幾枚四十釐米的手榴彈，爆炸力極大的「金蛋」越過我方巡察隊的頭頂，掉在敵人的位置，猛烈炸開。這是小小的貢獻，但是有效地挫了挫敵人的銳氣，和我們的機槍火力相輔相成。

我接著走到建築物院落的入口處，在外面的街道上就定位，在弟兄們奮力跑過來趕上隊伍時引導他們進去。馬可．李伊帶著他的重砲Mk48機槍，站在我前方的街上，猛力發射一鏈又一鏈的子彈。馬可是個狠角色，他掩護了我們。敵人的子彈仍在我們身邊轟轟作響，飛過街道，但有了馬可設下重砲，敵人就無法精準射擊。

我轉過身，面向巡察隊後方。仍在街上的海豹部隊弟兄裡，有一人奮力朝我這個方向跑過來。

「我們走！」我對他喊著，並對他揮揮手，比出手勢要他進門。

忽然之間，就在距離我一步之遙、即將抵達有水泥牆屏障的安全之地前，這名海豹弟兄倏地往前傾，面朝下重跌在地。我滿心驚恐地奔向他。

有人倒下了，我心想，他一定被射中胸部或頭部了。

我衝過去，以為會看到他倒在血泊當中，但我很驚訝地看到他躺在地上對著我微笑。

「你還好嗎？」我對他大喊，聲音蓋過槍聲。子彈仍從我們身旁呼嘯而過，在幾步遠的地方激起塵土，從附近的牆壁上彈出來。

「我沒事，」他回答，「我絆倒了。」

我安心地對他報以微笑，謝天謝地，他沒有受重傷，也沒有死。

「兄弟，」我對著他吼，「我還以為你頭部中彈了！」我們兩人都竊笑。

我快快抓住他的手，幫他站起來。我們奮力跑完剩下的路，衝進入口。當這名海豹部隊弟兄閃進大門，我跑上前去，拍了拍馬可的背。

「最後一個！」我大喊，讓他知道我們已經照顧到每一個人了。輪到馬可要撤退時換我掩護他，他用他的大型機槍指著天空，槍口還冒著硝煙，我們一起躲進入口。終於，每個人都從街上撤離，脫離敵人的火線，躲進有水泥牆保護的基地。感謝馬可和其他的機槍手，再加上有手握M4來福槍的海豹部隊射擊手支援，即便敵軍以重量級炮火猛攻，我們每個人都能毫髮無傷。

我走上頂樓，海豹部隊射擊手已經就射擊位置待命。敵軍在建築物之間移動以延續攻擊，我們也繼續纏鬥。副排長人在頂樓，和第三排的無線電通訊兵一起，他在評估局勢。

「你想怎麼做？」我問他。

「我們呼叫坦克部隊請求火力支援。」他冷靜地說。副排長在戰火底下很從容，這是每一位領導者都應該努力培養的出色特質。

「收到。」我回答。這是非常正確的決定。我們在屋頂上有制高點，我們在水泥牆後方很安全。海豹部隊的無線電通訊兵聯繫美國陸軍鬥牛犬小隊（第一裝甲師第一旅第三十七裝甲團第一營第二連），請M1A2艾布蘭主戰坦克部隊帶著大砲過來。我們超愛這些由人稱「主砲」的美國陸軍上尉麥克．巴吉馬率領的陸軍。雖然能帶來致命威脅的應急爆炸裝置（簡稱IED）★在拉馬迪中南區摧毀了幾部坦克，但每一次我們請求支援時，「主砲」麥克都身先士卒裝載他自己的坦克，再帶上另一輛鬥牛犬小隊的坦克無懼地前來支援我們。我們可以冒著極大風險，深入巡察危險的敵營，完全是因為我們知道一旦陷入麻煩，鬥牛犬小隊會掩護我們。麥克和他的陸軍弟兄都是傑出、奮進的戰士，不管多麼危險、多麼困難，他們還是會竭盡全力來到我們身邊。他們開著坦克車抵達時，也帶來了如雷的威嚇。

坦克部隊成員花了幾分鐘時間上車，開到我們所在之地。我們繼續承受四面八方而來的敵軍砲火。有一位海豹部隊成員從屋頂探出頭去，想要判斷敵軍的方位。他剛有動作，頭部就猛然地往後仰，人也跟著往後倒。他坐起來，人沒受傷，但就想不通剛剛是怎麼了。當這位海豹部隊兄弟脫下頭盔檢查時，才發現上面有一條很深的裂口，原來是敵方的子彈打中他頭盔前方的夜視鏡架然後反彈，只要低個一、兩吋，這顆子彈就打爆了他的頭。

★「IED」是美國軍方用來指稱應急爆炸裝置（improvised explosive device），亦即土製炸彈的簡稱，這種路邊隨處可見的致命炸彈，是叛軍主要也是最有效的武器。

「怎麼了？」他身邊的弟兄問他。

「我被打中了。」他帶著笑容說著，一邊指他的頭盔。

真是千鈞一髮，但還好變成我們可以拿來說笑的經驗。

我們在屋頂待命時，我把我的無線電轉到可以聽到鬥牛犬小隊的通訊頻道。我聽到「主砲」麥克在問我們能不能標示出敵軍躲在哪幾棟建築物對我們開槍。

「你手邊有任何紅色的煙霧彈嗎？」無線通訊兵在問。我沒有。

「我們有曳光彈。」我提出另一項建議。海豹部隊的無線電通訊兵有滿滿一整盒的曳光彈，子彈在空中呼嘯而過時，會沿著軌跡劃出一道明顯可見的橘色光束；馬可・李伊的彈鏈裡每五發子彈裡的第五發也是曳光彈。我們告知「主砲」麥克和他的坦克部隊弟兄我們的計畫。隨著重型艾布蘭坦克趨近，履帶在城市裡的水泥路上發出匡噹匡噹的聲音，我從無線電裡聽到他們要我們標示目標，我用口頭命令重複一次。

「標示目標！」我大喊。馬可和海豹部隊的無線電通訊兵用曳光彈標出了敵方的位置。

待命，等著來一點，我一邊這樣想著，一邊看著麥克的艾布蘭坦克轉動巨大砲塔，從我們被子彈猛攻的地方用一百二十釐米的大砲瞄準敵人所在的建築物，如轟天雷一般對著建築物射出震耳欲聾的憤怒，終結了敵方的攻擊。沒有被消滅的叛軍則趕緊走避。因為有了麥克和他的鬥牛犬小隊，當天後來的時間裡敵人就不再對我們開火。坦克部隊又一次救了我們。海豹部隊加上陸軍弟兄合體，不是叛軍能夠應付的。我的副排長也再一次證明他是一位穩健的領導者，稱職冷靜，即便在近身肉搏戰的壓力之下仍不改其色。

我的副排長必須做好領導的準備，同樣的，在這種情況之下，我也必須做好服從的準備。**所有領導者的目標，都應該是努力打造出有一天可以放手的團隊**。你或許從來沒有打過仗，但我要說的是，當我們放手讓資淺領導者以及前線人員負起責任時，也讓海豹部隊這一排以及任務小組更有成效；這麼做，營造出一種領導者的文化，普及至團隊的每一個層面。努力引導領導與服從，是領導二元性的範例之一，每一位處於領導位置、要面對兩種相反力道的領導者，都必須在這方面找到平衡。做好領導的準備，但也要知道何時服從。要對所有會影響任務的事物擔負起絕對責任，但也釋出指揮權放手讓別人發揮。體認到領導中的諸多二元性，並有能力平衡幾種彼此抗衡的力道，是威力無窮的工具，能讓各個層級的領導者展現領導力，求取勝利。

前言

二元性：平衡絶對責任的種種挑戰

喬可・威林克
萊夫・巴賓

我們所寫的第一本書《主管這樣帶人就對了》讓很多讀者心有戚戚焉。領導者必須為他們所屬世界裡的大小事、每一個會影響任務的因素負起責任，而且是絕對責任，這個概念改變了很多人對於領導的看法。如果出現錯誤，高效的領導者不可歸咎他人，他們要為錯誤負責，判定哪裡出了錯，找出解決方案以修正錯誤，並且防止向前邁進時又重蹈覆轍。

就算是最出色的團隊、最優秀的領導者，也無法永不犯錯。人非聖賢，孰能無過。**造就最佳團隊與領導者的因素，是他們會在犯了錯時承認，負起責任，並矯正錯誤以提升自己的表現**。透過每一次的循環，團隊與領導者便能強化成效，長期下來，面對競爭時就能游刃有餘，如果面對的對手團隊文化是規避推諉和交相指責，永遠不去解決問題，永遠無法提升績效，對比更是明顯。

我們提出的四大作戰法則，有助於大幅提升各個組織與團隊的表現，無論規模是大是小，無論位在美國還是他國，幾乎適用於商業世界裡的每一種產業，同樣也可用於軍事小組、警消部門、慈善機構、學校行政與運動團隊。

第一條法則是：掩護與行動。這是一種團隊合作，每一個人以及每一個大團隊裡的小團隊，都要互相支援以完成任務。團隊內部的部門與小組，甚至是團隊以外、但對於成敗來說很重要的單位，也必須打破藩籬不可各自為政，通力合作以求得勝利。群體中某個單位有把工作做好，這件事一點都不重要，如果整個團隊輸了，那就是每個人都輸了；如果整個團隊贏了，代表大家都贏了，每個人都共享勝利。

第二條法則是：簡化任務。複雜衍生混亂和災難，一旦出錯時更會放大問題，而事情永遠都會出錯。如果計畫和指令太過複雜，負責執行計畫與指令的人就無法理解內容；如果團隊成員無法理解，就無法執行。因此，計畫必須簡化，讓團隊裡的每個人都能理解「指揮官的打算」（這是任務背後更重要的目標），並知道自己在達成任務上要扮演什麼角色。傳達指令時必須「簡單、明確、扼要」。要知道是否有效地傳達了計畫與指令，真正的測試就是：團隊是否聽懂了。團隊成員懂了，就能執行。

第三條法則是：判斷狀況的緩急輕重與執行。同時發生諸多問題時（這種情況常有），一次要處理太多問題會導致失敗。領導者一定要超然客觀，放下細節，評估並判斷若達成策略性任務，最優先的要項是什麼。判斷出優先要務之後，領導者必須明確向團隊傳達輕重緩急，並確保團隊確實執行。接著，領導者和團隊再一起解決下一項任務，依序逐一執行。訓練和適當的權宜變通規劃大有幫助，能讓團隊與領導者做足準備，讓他們在壓力之下仍能即時以最高效的方式判斷狀況的緩急輕重，然後去執行。

第四條作戰法則是：釋出指揮權。任何單一的領導者都無法獨力去做全部決策，領導必須分權，賦予各個層級的領導者決策權，直到第一線人員都僅負責他們自身的一小部分獨立任務。當分權確實執行，每個人都能肩負領導責任。要把領導權交付給團隊裡的每一個人時，必須讓成員理解他們要做什麼，更要讓他們知道為什麼要這麼做。這必須在指揮鏈上做到明確且頻繁的溝通傳達，還有最重要的一點：要培養信任。資淺領導者要有信心，相信自己確實理解了策略性任務、上級指揮官的打算，以及他們可以在哪些範圍內做決定。資深領導者必須相信下屬的資淺領導者會做出正確決定，並且要鼓勵他們這麼做。這需要訓練與經常性的溝通，才能以最高的成效落實。

《主管這樣帶人就對了》的英文書名裡用到了「絕對責任」（Extreme Ownership）一詞，造成一個很大的問題。這個詞直截了當點出了書中最重要的領導基礎，但也稍微引發了誤解。絕對責任是好領導的根基，但是領導很少需要用到「絕對」的想法或態度，事實上跟好相反：領導需要做到平衡。我們在《主管這樣帶人就對了》的第十二章〈有紀律就能享受自由〉（Discipline Equals Freedom–The Dichotomy of Leadership）裡討論了這個概念。然而，當我們在評估企業、團隊與組織裡的眾多領導者如何落實這本書裡傳授的原則時，發現很多人都很難找到當中的平衡。過去幾年來，前線部隊顧問公司訓練了幾百家公司、幾千位領導者並為他們提供諮商，前述問題是我們看到的最大挑戰。

我們在《主管這樣帶人就對了》的最後一章裡寫道：

> 每位領導者都必須小心翼翼遊走於一條微妙的界線上……領導需要在許多看來互相牴觸特質的二元性之間找到平衡，在兩種極端之間找到適當的位置。能體認到這一點，是一位領導者能擁有的最強大工具之一。把這一點謹記在心，領導者就能更輕鬆平衡互相衝突的力量，以最高的成效領導。

領導者很可能展現太過頭的行為或特質，領導者可能太過極端，打亂了高效領導團隊必須做到的平衡。如果失衡，領導者就會受罪，團隊的表現也會快速下滑。

就連絕對責任這條基本法則，也可能導致失衡。領導者在執行「掩護與行動」時可能過了頭，惹惱其他領導者、部門或分部。計畫可能太過簡單，無法涵蓋可能的狀況。團隊在判斷狀況的緩急輕重與執行時可能太過頭，導致目標僵化，未能認知到情境中新出現的問題與威脅。釋出指揮權時也可能放得太鬆，在下屬領導者並未充分理解策略性目標、不知道如何執行行動以支援目標之際放出了過多的自主權。

我們還可以就二元性這個概念繼續說下去，而且涵蓋領導者要做的每一件事。領導者必須貼近他要領導的對象、但又不可過度親近，不然也會是一個問題。他們必須堅持原則，但又不可變成專制。領導者可能因為信奉絕對責任而變得極端，當領導者對於身邊大小問題事必躬親，團隊成員就會覺得自己什麼都不需要管。如果出現這種情況，團隊成員就只會按照主管所說的去做，不會打從心底將任務當成自己的事，也沒有認同感，導致團隊更沒有能力克服障礙、達成使命。

因此，**在領導當中，達成平衡是獲取勝利不可或缺的要素。隨時都要監看平衡的狀態，情況有變時，也要據以調整**。舉例來說，如果團隊成員無法把事情做好，領導者就必須事必躬親，直到成員能把事情做對。然而，當團隊成員回到正軌上，再度展現出成效，領導者也要有退場的能力，讓團隊成員有空間承擔更多的責任，自行負責掌管更多任務。

要維持這種不斷轉換的態度與經常性的調整，以求在領導特質的每一面相平衡各式各樣的二元性，並非易事，但這項技巧對於高效領導而言至為重要。

我們持續在兢兢業業、精益求精的領導者身上看到這些掙扎，也因此激勵我們更深入探索領導二元性的概念。本書的目標，是要透過各種範例說明如何在團隊內、同儕間以及指揮鏈中找到適當的領導平衡，調和絕對領導的概念與維持平衡的焦點，每一位出色的領導者都必須培養出這樣的能力。雖然這並不輕鬆，但透過知識、嚴謹的練習以及持續的努力，任何人都能精通此法，找到領導二元性中的平衡。能做到這一點的領導者，將能主宰自己的戰場，領導團隊邁向勝利。

PART 1

人員平衡

Chapter 1

終極二元性

喬可・威林克

2006
伊拉克拉馬迪營區查理醫療中心
Charlie Medical Facility, Camp Ramadi, Iraq

「長官，」年輕的海豹成員輕聲地說，「請過來這裡。」我們在握手時雙手交扣了一下。這不是像商界人士那樣的正式握手，而是掌心對掌心、把大拇指包在手的後方，就好像是比腕力那樣，這是一種展現同袍情誼的握手。嗎啡的效力正在這名年輕的海豹隊員身上發作，我可以從他的眼神中看出來，但是他仍然撐著，意識清明，人也很清醒。他就是一個年輕人應該有的樣子：聰明、勇敢、熱愛運動、風趣、忠誠而且強硬。大約一個半小時之前，他的腿部中彈。我之後才知道，年輕的海豹部隊機槍手麥克・孟蘇爾快速飛奔，衝進槍林彈雨，把這名海豹弟兄從拉馬迪市馬拉布區拖出來；此地是遭伊拉克叛軍佔據的最動盪核心地區。

受傷的海豹弟兄如今躺在拉馬迪營區戰地醫院查理醫療中心，美國軍方的外科團隊幾乎每天都在這裡，日以繼夜拯救重傷的部隊官兵。這顆子彈是七點六二乘以五十四釐米的鋼芯大型穿甲彈，射中他的大腿下方，把他大腿裡的肌肉和骨頭都打穿了，然後從大腿上方接近鼠蹊部的地方射出。他的腿能不能保住還很難說。從傷口的外觀來看，我猜是沒辦法了，他得失去一條腿。

受了傷的海豹隊員緊緊抓著我的手，把我拉到距離他的臉僅有幾吋之處。看得出來他想跟我說話，因此我轉過頭去，把我的耳朵湊到他嘴邊。我不確定自己會聽到什麼。他因為可能失去一條腿而感到害怕、憤怒或難過嗎？他對於接下來會發生的事感到緊張嗎？他覺得困惑嗎？

他吸了一口氣，然後喃喃的說：「長官，讓我留下，讓我留下，拜託，不要送我回國，要我做什麼都可以，我負責打掃營區。我可以在這裡治療。拜託，拜託，拜託，讓我留下來和任務小組待在一起。」

你聽到了。不是害怕，不是憤怒，不是為了自己可能失去一條腿而難過。他唯一在意的只有可能必須要離隊。

布魯瑟任務小組，我們的任務小組、我們的生命。這位海豹弟兄是我們當中第一個遭受重傷的人，在戰鬥中留下的重大創傷永遠改變了他的人生。就算他真的能留住一條腿，腿傷非常嚴重，不太可能完全恢復過去的出色運動能力。但是，這位海豹弟兄唯一關心的事情只有他唯恐我會失望、任務小組會失望、部隊（他所屬的團隊）會失望。

他是個真男人，是真正的朋友、兄弟。他是英雄：年輕、勇敢，而且毫不遲疑地將朋友置於自己的生命之前。

我很感動，覺得淚水正要湧出雙眼。我很努力忍住眼淚，把哽咽吞下肚。我沒有時間崩潰，我是「領導者」，他需要靠著我強壯起來。

「兄弟，沒事的。我們要先治好你。」我低聲說，「等你好了，我們會叫你回來這裡。但你要先治好。」

「我會沒事的。」受傷的海豹弟兄回道，「就讓我留下來……讓我留下來。」

「兄弟，」我急切地對他說，「等你一能站起來，我馬上把你叫回來，但你必須先離開，把傷治好。」

「我可以在這裡療傷，我可以在戰術作業中心做事。」他說。他指的戰術作業中心（TOC），是我們監控作戰任務的地方，那裡有無線電和電視螢幕顯示飛機傳過來的影片，包括有人機和無人機。

「聽我說，」我對他說，「這行不通。你的傷不是開玩笑的。你需要真正的復健中心，我們這裡找不到這種地方安置你。你回家，把傷治好，帶著完好的雙腿回來，我會叫你回來，我保證。」

我是認真的。不管他能不能保住腿，一旦他穩定到一個地步，我會竭盡所能讓他回來。

「是，長官。」他回了話，相信回歸那天不會太久。「我很快就會回來。」

「我知道，兄弟，我知道你很快就會回來。」我對他說。

他很快就被抬上救傷★直升機，送往更先進的醫療機構替他做手術，那裡的醫護人員或許可以保住他的腿。

我回到我的營區，這個有帳篷和建築物的基地我們稱為「鯊魚基地」，就夾在美軍拉馬迪營區和幼發拉底河（Euphrates River）之間。

我回到二樓自己的房間；戰術作業中心就位於我住的這棟建築物裡，此地過去是很奢華的房舍，雕梁畫棟，住的都是是薩達姆．海珊（Saddam Hussein）政府裡的要員。現在這裡是我們的總部兼作營房，窗戶上放了沙袋，還找來一些臨時的家具。我坐在我那張用兩吋寬四吋長的木頭製成的夾板床上。

現實條件在我腦子裡浮現：我們僅在此地部署一個月，我的弟兄每天都受到砲火攻擊，我們行動的拉馬迪市處處都是叛軍，而且這些叛軍很有一套：他們有充足的裝備，受過良好的訓練，更是嚴守紀律。他們打仗時很堅毅，而且很無情。

當然了，我們更優秀。我們的訓練、裝備和態度，與世上任何戰鬥部隊相比都不會遜色。我們來到拉馬迪，是為了讓當地的老百姓有一座安全的城市，因此才要和敵人戰鬥，在街上追捕邪惡叛軍，並殲滅他們。我們要把他們一網打盡。

但我們也非刀槍不入，我們一天到晚在這座城市來來去去，不可期待沒有人死傷。鋸木頭時會有木屑，打仗時，尤其是激烈的城市戰，必有死傷，這就是各行各業的特性。奇怪的是，直到此時此刻，人在伊拉克的海豹部隊運氣很好，開戰三年，只有一些海豹部隊成員受傷，而且沒有人死亡。但事發往往突然，運氣不好這個因素的作用往往多過其他。

但我們沒有好運到在整段部署期間都能平安無事，證據很明確，我剛剛就親眼見證，看到我受傷的海豹弟兄因為失血而臉色蒼白，因為嗎啡而昏昏欲睡，但他運氣好——應該說是運氣非常好——人還活著。

這位受傷的弟兄很年輕，這次是他加入海豹部隊以後進的第二個排，也只是他第二次來到伊拉克部署。他是傑出的海豹士兵，是團隊的重要成員。他是很出色的好夥伴：誠信、

★救傷：英語簡稱「medevac」，來自於醫療撤離（medical evacuation）兩個英文詞彙的詞首簡稱，是一種由醫護人員提供的移動與中途照護，護送傷者從戰場上撤離到醫療機構，或是將病患從一家醫療機構轉移到另一家。這和「casevac」很類似但有些微不同，後者是傷亡撤離（casualty evacuation）兩個英文詞彙的詞首簡稱。

忠實、風趣。

雖然任務小組裡的所有海豹部隊成員都不相同，但從很多方面來說，他們都是一樣的。當然，每個人都有某些怪癖和小小的個人特質差異，正是這些成就了每個人的獨一無二。當然，他們也都不完美；我們都是。

然而，在此同時，他們每一個人又都非常出色。愛國，無私。他們都因為某些理由而來到「隊上」（我們海豹部隊自稱我們這個海軍三棲特戰隊〔Naval Special Warfare SEAL Teams〕為隊上）：為了服務人群、為了善盡責任，為了獻出一切給任務小組、隊上和我們偉大的國家。

他們由我負責。

「負責」一詞很難說盡我對這些人的感受。我想到的是他們全體。這些人是我的朋友，因為我會和他們一起玩鬧說笑、一起合作。他們是我的兄弟，因為我們共享同袍情誼。他們也像我的孩子一樣，因為我要為了他們的一舉一動負責，無論好壞，我更要盡一切所能保護他們：當他們從屋頂上照看整座城市，在暴力的街道上來來去去，我必須照看他們。

他們也為我付出一切，在工作上、訓練時以及現在的戰場上都是。回過頭來說，他們就是我的一切。從許多面向上來講，我和他們之間比跟自己的父母、手足，甚至是我的妻子兒女更親。我當然愛我的家人，但是，任務小組裡的這些人也是我的家人，我只想要好好照顧他們。

我想緊緊護住他們，但我們也有工作要做。我們要做的事暴力、危險又無情。要做好這份工作，我得讓他們處於險境，而且是一而再、再而三。這是領導二元性的範例之一，或者也可以說是戰鬥領導者必須面對的終極領導二元性：戰場上的領導者有責任照料他的部隊，這是他要做的最重要之事，但在此同時，領導者也必須達成使命。這表示，領導者必須做出決策並執行計畫，而他摯愛的部屬很可能要因此付出生命作為代價。

這對我來說是一大難題。人在拉馬迪，問題不是我們是否會失去誰，而是失去的時間早晚。

這麼說，並不代表我是聽天由命的人；我不是。這不代表我認為我們一定要有人傷亡；我祈禱不會有這種事發生。我們會盡一切努力，緩解可掌控的風險，以防範死傷。

但我在想的這些事確實代表了我正在面對現實。現實是，拉馬迪每天都有美國陸軍和陸戰隊受傷或死亡。每天都有。

我們總是在參加追悼會，緬懷逝去的英雄。

我體認到這次在拉馬迪的部署行動完全不同於二〇〇三至二〇〇四年我第一次在伊拉克的部署行動，之前情況比較能掌控，也比較沒這麼激烈。二〇〇六年的拉馬迪，激烈且從不間斷的城市戰潛藏著太多我們無法控制的風險。不管哪一天，只要我的部屬走進現場

（現在幾乎是每天都得上戰場了），我心裡有數，今天很有可能就是那一天。

那是指揮權中最沉重的負擔。

而那一天終究來臨了。

二〇〇六年八月二日，萊夫和他的第三排海豹部隊兄弟，再加上身為戰鬥顧問的伊拉克陸軍部隊，和我們的美國陸軍鬥牛犬小隊同袍組成聯隊，要去拉馬迪的中南區執行一項大型的肅清行動。這項行動在清晨時分展開，時間預計約一個小時，一切都安靜地進行。

忽然間，一聲槍響傳出，很快地，無線電裡也傳出「有人倒下」的呼喊聲。海豹部隊第三排的出色機槍手萊恩·賈伯，被敵方狙擊手的子彈射中臉部，身受重傷。叛軍開始從四面八方射擊，中南區一片混亂。萊夫和第三排浴血奮戰，要救萊恩離開，鬥牛犬小隊的Ｍ２布雷利戰車與Ｍ１Ａ２艾布蘭主戰坦克帶著強大火力過來支援。第三排將萊恩送上救傷車輛，把他帶離戰場去接受適當的醫療照護。接著，萊夫和第三排的其他弟兄以及伊拉克士兵回頭巡察，準備越過幾條危險街區回到美國陸軍碉堡法肯前哨（COP Falcon）。然而，敵軍如潮水一般湧來，拉馬迪中南區的戰情更趨激烈。鬥牛犬小隊的陸軍弟兄（也就是「主砲」麥克和他的士兵）在城區裡各地的槍林彈雨之下衝鋒陷陣，第三排清楚聽到隆隆的炮火聲。萊夫和他排裡的各領導幹部快速討論之後，最後他用無線電呼叫我，要我許可他們回頭，摧毀幾座疑似敵軍佔有的建築。「就這麼辦。」我對他說。

萊夫和他率領的第三排窮盡其力，設法降低風險。他們搭上重裝布雷利戰車挺進可疑建築，並利用布雷利強大的二十五釐米機關炮壓制目標。他們甚至開著布雷利衝破建築物周遭地區的圍牆，讓第三排撤離開放的街道，在他們轉向建築物衝進通道時受到某些保護，免受敵軍子彈攻擊。但即便這麼做也不可能消除全部風險，就是沒辦法。

在第三排從布雷利戰車下來、進入一棟建築物的同時，我也盯著上方的無人機傳回來的現場影片畫面。我看得出來戰火猛烈。一旦我的海豹部隊弟兄進入建築物，我可能看不到接下來的情形了。

他們進去之後，經過了漫長的好幾分鐘，我看到一群海豹弟兄把一名傷亡者背出建築物，回到附近待命的布雷利戰車上。那是我們的人。一具沒了生命的身體。

我從戰術作業中心監看情況，胃裡好像開了一個大洞。我想要狂喊大叫，亂摔東西，對著天空揮拳。

但我必須壓抑這些情緒，我還有事要做。因此，我就只是站在無線電旁，等著萊夫呼叫我。我不呼叫他，因為我知道他在忙，我不想打擾他的行動。

幾分鐘後，他呼叫我。我聽得出來他逼著自己冷靜下來，但我也從他的聲音裡面聽到各種情緒正在氾濫。

他報告消息：第三排進入建築時，和相鄰建築物裡的敵軍交戰。海豹部隊機槍手馬可．

李伊勇敢站在通道上，和敵人對戰，保護其他隊員進入他身後的走道，但是他被敵人的子彈擊中身亡。這些事都發生在一瞬間。

馬可．艾倫．李伊是出色的戰士、朋友、兄弟、兒子、丈夫、叔叔、信徒、開心果，也是真正的人性光輝，就這樣離開了。除此之外，第三排另一位機槍手萊恩．賈伯也身受重傷，目前進入治療性昏迷，正在前往德國醫療中心接受手術的途中，生死未卜。

失去這些人造成了嚴重負擔，沉重地壓在我心上。

萊夫回到基地時，我看的出來他心情沉重，充滿了哀傷。他的雙眼裡不僅噙著淚水，還有對這份責任重量的懷疑。萊夫從來沒提他也受了傷：子彈碎片射中了他的背，剛剛好跳過防彈背心的保護。他不在乎自己的身軀受創，破碎的是他的心。

一天就這樣過去了。

萊夫來我辦公室，我看得出來他整個人都是一團混亂。

萊夫是戰地領導者，是他決定要回到砲火中，我核准了他的決定，但是，最後背負壓力的人是萊夫：他活下來了，馬可沒有。

「我覺得我做錯了決定，」萊夫靜靜地說，「我多希望能扭轉這一切，我多希望能做出不同的決定，什麼都好，讓馬可此時還能跟我們在一起。」

我明白這件事讓萊夫整個人支離破碎。他覺得在那樣的混亂之下，在那樣的瘋狂情境中，他本來可以做出不一樣的決定、選擇不一樣的路徑。

但他錯了。

「不對，萊夫。」我慢慢地對他開口，「這不是做決策的問題。這些美國軍人深陷惡戰，而且是大規模的戰鬥，他們需要我們幫忙，他們需要我們支援。你伸出手了。除此之外的另一個選擇，就是袖手旁觀，讓陸軍弟兄自己去打。你不會讓第三排的弟兄呆坐在有保護的區域內，讓鬥牛犬小隊冒風險，遭受死傷。這不是我們的做事風格。我們是一個團隊，我們要彼此照料。沒有什麼別的選擇，根本沒有做決策的問題。」

萊夫沉默了。他看著我，緩緩點了頭。雖然我的話讓人很難聽進去，但他知道我是對的。他知道，在這場可能是長達數月的拉馬迪戰役中規模最大的交戰行動裡，他不能在其他美國同胞身處險境且需要協助時袖手旁觀。如果他真的這麼做了，排裡其他弟兄都知道這才是錯誤的決策。萊夫自己也會知道這是錯的。但是，由於背負這麼大的重擔，他需要多一點保證才能安心。

於是我繼續說：「我們是蛙人，我們是海豹部隊，我們是美國戰鬥軍人。如果我們能做什麼幫上交戰弟兄的忙，我們就會出手。我們就是這樣做事，你知道，馬可知道，我們都知道。」

「我只希望用自己換回馬可。」萊夫一邊說，一邊激動落淚，「我願意付出一切，只求他能回來。」

「聽好了，」我說，「我們無法預見未來。我們不知道誰什麼時候會受傷、會死亡。如果能知道，我們就不會展開那些特別行動。但我們不知道，我們無法得知。要保每一個人平安的唯一辦法，就是什麼都不做，讓別的部隊去打仗，但這是錯的，你也明白。我們必須全力奮戰求勝。當然，我們必須想辦法降低風險，但說到底，我們無法消除所有風險。我們必須履行職責。」

萊夫再度點點頭。他知道我是對的，他信服了，因為事實如此。

但是，失去馬可帶來的椎心刺骨之痛並不會因此消失。馬可之死會讓萊夫一輩子無法釋懷。這種事我早就知道了，萊夫也是。

這是所有領導二元性中很難拿捏、最艱難也最痛苦的一種：把照料你的部屬當成全世界最重要的事，你窮盡心力，甚至願意拿自己的命換他們的，但在此同時，你又要領導他們接下很可能會導致他們死亡的任務。

即便回到美國的非交戰環境，海豹部隊為了準備日後部署所受的訓練也很危險。如果要減輕每一種風險，那代表受訓的隊員不得從事跳傘、不可從直升機上快速垂降、不准從小艇上登上大船、不能僅用夜視在夜間駕駛高速車隊裡的車輛，也不許進行實彈射擊操演。不幸的是，即便做了強力的安全措施和控制，每幾年還是會有海豹隊員在接受高危險訓練期間死亡或身受重傷。而且，如果不承擔執行實作訓練中既有的風險，當海豹隊員面對自己必須執行的任務卻沒有做好充分準備即部署進入戰區，會讓更多人面臨更大的危險。領導者必須深切關懷部隊，但領導者也必須讓部隊涉險，訓練時如此、戰鬥時更是有過之而無不及。當然，領導者有責任降低可控制的風險，但是，永遠都有非領導者能力所能及的風險，而且潛在後果很可能致命。

關心部屬福祉的同時也讓他們身處險境以完成使命，是每一位戰場上的領導者都能感受到的二元性，拉馬迪作戰現場所有領導幹部也深刻體會。雖然我們早已決定窮一己之力逼近並摧毀敵人以拯救拉馬迪，但我們也知道勝利必須以美國最出色年輕男女的鮮血為代價。布魯瑟任務小組仍然在流血。

萊恩受傷、馬可捐軀之後，我們又有幾個人受到輕傷，是一些不太嚴重的皮肉傷和比較小的傷害，不算什麼。之後，九月二十九日，就在我們部署行動結束前幾個星期，我和萊夫在戰術作業中心聽著無線電訊息，布魯瑟任務小組裡的第四排則在基地外面執行作戰行動。我們聽到第四排報告敵人的行動，傳達敵軍被殲滅的最新戰況，這一切，都是拉馬迪的日常。隨後，我們聽到第四排要求進行傷亡撤離。無線電的訊息傳達得很清楚，有幾名海豹隊員受傷了，聽起來很嚴重。

我的心一沉。美國陸軍快速應變小組（Quick Reaction Force）隨即提供支援，快速啟動，前往第四排所在地。幾分鐘後，陸軍的戰術行動無線電通訊裡傳出幾名海豹部隊隊員受傷，並說其中一人需要「緊急手術」，這代表他需要立即的醫療照護，而且有死亡的風險。我們繼續冷靜地聽著無線電的呼叫，希望受傷的弟兄會沒事，尤其是重傷的那些人。

五〇六步兵團第一營★指揮官傳來的呼叫聲，毀滅了我們的希望。他給我捎來了哀傷的消息。三人受傷，但是每個人的傷都可以治癒，他們沒有失去生命或肢體的風險。但接下來這位大膽無畏又專業精準的營指揮官沉默了一分鐘。他對我說，還有第四人也受傷了：麥克．孟蘇爾傷勢嚴重。他的聲音微微顫抖，他對我說他覺得麥克撐不下去。

我和萊夫等著有人提供最新消息，等了感覺不知道過了幾輩子。最後，野戰醫院傳來的訊息讓我們整個人都崩潰了。麥克．安東尼．孟蘇爾這位傑出的年輕海豹隊員，身受排裡和任務小組每個人深愛，一個極為強健、堅毅、友善、仁慈而且能激勵他人的年輕人，因為傷重而死。

第四排其他人一從前線回來，我就接到我的朋友、同時也是第四排的指揮官賽斯．史東的電話，他向我詳細匯報了行動當中發生的事情。他對我說，敵軍丟了一顆手榴彈，落在第四排一位狙擊手監看局勢的屋頂上。麥克．孟蘇爾幾乎完全沒想到自己就行動，英勇地撲在手榴彈上，以肉身保護其他三位隊友免受爆炸衝擊。他犧牲自己救了其他人。這項行動本來很可能是麥克在拉馬迪的最後一次任務，他已經排定過幾天就要飛回家了。

萊夫因為失去馬可而感到痛苦，賽斯也因為失去麥克所加諸的沉重而崩潰。賽斯繼續領導各項任務，和過來接替我們的海豹隊員完成交接工作，但我看得出來，失去麥克狠狠地折磨他的心靈。麥克過世短短幾個星期之後，我們回到美國，下班後坐在任務小組的辦公室裡，賽斯對我道出他的感受。

「我覺得麥克會死都是我的錯，我覺得我要負責。」賽斯眼中含著淚水對我說。

我想了一下，然後對他說了事實：「我們都要負責。」

我停了一下，賽斯也一個字都沒說。我的話讓他很意外。

「我們都要負責。」我再說一次，「那是我們的策略，是我們一起想出來的，我們都知道有風險。你規劃任務，我核可了。**我們都是領導者，部署行動中發生的任何事我們都要負責，每一件事都是**。事情就是這樣，我們逃不了，這就是身為領導者的定義。」

我看著賽斯。顯然，他心碎了。萊夫和賽斯，這兩個人在戰場上都堅毅無比，抱定決心要完成使命，追逐敵人時積極奮進，但他們也同樣花這麼多心思去照料與愛護同袍，把這當成全世界最重要的事。他們會願意付出一切，交換兄弟死而復生。但是，這不是選項，

★ 美國陸軍一〇一空降師五〇六步兵團第一營，也就是傳奇性的「諾曼第空降師」。史蒂芬·安布羅斯（Stephen Ambrose）所著的《諾曼第大空降》（*Band of Brothers*）一書裡詳細描述了他們在二次大戰時的豐功偉業，ＨＢＯ也根據本書製作同名影集。

這個世界不是這樣運作的。

現在他們兩個人都在因應終極領導二元性造成的餘波蕩漾：你非常關心你的部屬，但身為領導者的你也必須履行職責，要完成任務。而這當中牽涉到風險，代價很可能是寶貴的人命。

我最後說的那一段話，說進了賽斯的心裡。最後他開口了。「我在腦海裡不斷重複播放這項行動，試著找出我能有哪些不同的作法。我是不是應該把監看位置設在另一棟建築物上？我是不是應該要他們在二樓行動而不是頂樓？我們是不是根本就不應該從事這項任務？」他一條一條吐露出這些想法，聲音也跟著愈來愈激動。

「賽斯，」我平靜地對他說：「後見之明都可以看得很清楚。如果我們能清楚知道當天後來發生的事，有太多的事情都會不一樣，但我們不知道。你挑那棟建築物，是因為那裡的戰術位置是附近最好的點。你要部屬到頂樓，是因為那裡讓他們能看得最清楚，因此能提供最好的保護。你去執行這項任務，是因為那就是我們要做的事：和敵人對抗。你已經執行過無數次這類任務，你已經盡可能降低風險，但你永遠無法得知結果會怎樣。」

賽斯點點頭。他和萊夫一樣，知道我的話是對的。但這也無法減輕失去麥克的痛苦。

接下來幾個星期，我們退出部署行動，交還裝備，並完成行政部門的相關要求，賽斯對我講起他對未來的打算。我和萊夫收到命令，要去培訓司令部做報告，把我們從拉馬迪學到的領導心得傳遞下去，教給未來要面對伊拉克和阿富汗緊張局勢的新一代海豹隊員。賽斯還沒決定人生的下一步要怎麼走，他不確定要不要繼續留在海軍服務。這是一次很艱困的部署行動。賽斯手下有好幾個人受傷，一人死亡，他已經連續承受壓力六個月了。他幾乎是每天都在面對恐懼與死亡。

在此同時，海豹三隊需要另覓人選，代替我成為布魯瑟小隊的隊長，他們問賽斯要不要接。

「我不知道，」他對我說，「我不知道我能不能再來一次。」

「我懂。」我對他說，我很明白他的心態。他可是從地獄裡爬出來的。「你不一定要接這份職務，你可以去做你想做的事，你可以離隊，去旅行、去潛水、去拿企管碩士，或者去賺大錢。你更可以全部都做。如果你真的想，這也超酷的。你為我以及部隊付出的，已經遠遠超過我的期待。但我要跟你說件事。海豹部隊有兩個排都需要排長，他們需要有人照顧他們、關心他們，不管是不是在戰場上。你的戰鬥經驗比隊上任何人都更豐富，沒有人比你更適合領導這個任務小組。你可以去做自己想做的事，但這些人，他們需要你，他們需要領導者，這件事不會改變。」

好一陣子，賽斯靜靜地坐著。他在拉馬迪已經付出一切。如果他離開海軍，有大把機會等著他，他聰明、有創意又勤奮，而且他也有很出色的履歷。我知道賽斯的抱負不僅是從軍，他也想以平民的身分去接下其他不同的挑戰。如果他決定從海軍退役，我可以理解，他已經善盡職守了。我坐在那裡，看著他靜靜的沉思。之後，我看到他的臉色一變，臉上露出自信的表情。

「好。」賽斯一邊說，一邊從椅子上起身。

「好什麼？」我問。

「我去。」他說著，然後走向門口。

「去哪裡？」我問。

「我去跟行政官說我要接下任務小組，我要接下布魯瑟任務小組的指揮官職務。我必須這麼做。」他說，「根本沒有做決策的問題。」

賽斯笑了，然後走出門口。

根本沒有做決策的問題，我對自己說。就算人生確實有其他選項，賽斯也沒有其他選擇。他知道這就是該做的事，他明白自己的責任是什麼，他也擔下了。

賽斯在拉馬迪時一次又一次站出來，這一次，他也挺身而出。他再度擔下沉重的指揮責任，與無數領導二元性奮戰，面對各種彼此拉扯的力道。要在身為領導者與服從者之間求取平衡，要有信心但不能自負，要積極進取但又同時謹慎行事，要大膽無畏但又深思熟慮。

最重要的是，他選擇面對終極二元性：訓練、合作與培養一支由朋友和兄弟組成的團隊，把照料這群人當成天下第一等大事，但同時又要領導他們執行可能引來殺身之禍的任務。

那是重擔，那是挑戰，那是二元性。

那就是領導。

法則

領導中有說不盡的二元性，領導者必須在互相拉扯的力道當中小心求得平衡。然而，其中最難的莫過於這一種：懇切關心每一位隊員，在此同時要接受完成任務必須面對的風險。好的領導者會配合部屬建立起強大且兼任的領導關係。領導者願意為了團隊成員付出一切，但在此同時，領導者必須體認到團隊必須執行任務，而任務很可能會讓領導者關心的人陷入險境。

戰場上存在著終極的二元性：領導者必須把自己最珍貴的資產、也就是他的隊員送出去，進入可能死傷的情境。如果他以太過親密的方式領導，將無法從自身的情緒中抽離出來，很可能就無力做出讓隊員涉險的艱難決策。抱持這種領導態度的話，團隊將一事無成，無法完成使命。對照之下，另一種極端是領導者太過在乎是否能完成任務，很可能在沒有任何重大益處的情況下犧牲成員的健康與安全。這麼做除了會衝擊當事成員之外，也會衝擊整個團隊，因為大家會發現領導者冷酷無情，因此不再尊重、服從領導者。團隊會分崩離析。

承平社會中雖然沒這麼極端，但也會有這樣的二元性。這是一種最難平衡的二元性，過與不及都很有可能。**如果領導者和員工培養出過度親密的感情，或許就不願意讓隊員去做完成專案或任務必要的工作**。就算以公司的利益來說裁員是正確的行動，他們可能無法用必要的手段裁撤要好的部屬。某些領導者和部屬走得太近，以至於無法向對方說出難以啟齒的話，他們不想對部屬直說必須改進。

另一方面，**如果領導者和團隊太過疏離，可能會讓團員做太多工作、暴露在太高的風險之下或是以其他方式造成傷害，但犧牲又沒有換來任何重大價值**。這樣的領導者會為了省錢快速開除員工，得到的風評是除了團隊能為策略性目標提供的支持之外，其他的他完全不在乎。

因此，領導者必須找到平衡。**必須盡力敦促團隊，但又不能過於壓迫；必須激勵團隊完成使命，但又不能逼他們去跳崖**。

業界應用

「這些人的工作很辛苦！」地區經理對我大力強調這一點。他負責監看五處礦場，從地下採出礦材，然後加工處理以大宗商品賣到市場去。這是很直截了當的生意：生產成本愈低，公司就賺得愈多。但是，即便是這種簡單的大宗商品，也會涉及員工人命和生活。

「我知道，我看到他們在礦場的工作情況了。」我回答。

「你只看了幾個小時，那根本不算什麼。我們可是看了幾天、幾星期、幾個月、幾年，看著這些人努力工作把這裡經營得有聲有色。」地區經理回答時語帶挑釁。

地區經理顯然認為我根本不懂。我從他的立場上來看，他是對的，我無法完全理解這些男男女女每天在礦場裡做的工作。然而，他的攻擊性也來自於他認為我是「他們」的其中一員，是那種來自象牙塔的企業萬事通，專門來替他「解決問題」的人。當然，他是對的：公司就是派我來幫他解決他的問題。

八個月前，公司關掉他管理的其中一處礦場，他負責監督的地方從六處變成五處。生產成本太高，礦材賣的價錢不夠好。公司關閉礦場時，這位地區經理留下了四分之一的員工，把他們分散到他手下的其他礦場。公司很反對這麼做，但他的反對行動更激烈，他保證在他的指揮之下，把多餘的人力加到各個仍在運作的礦場，產量會普遍提升。但是，顯然影響這位地區經理決策的因素，是他很在乎他的員工，他是真心且認真地關心他們。他是礦工第三代，他很清楚這種工作有多辛苦。

我和他的對話不太順暢，我必須緩和氣氛。

「我也知道我沒辦法了解他們的工作有多辛苦，」我對他說，承認自己無法完全理解他的員工要投入多少心力。「我絕對不是專家。但他們的工作有多辛苦明顯可見，就算只是短短看過幾個小時我也看出來了。」

這種話對地區經理來說還不夠好聽。

「他們不只是辛苦的員工，」他回答，「他們也是有技能的人。他們是全世界最好的操作員。你看看米蓋（Miguel），就是在操作鏟斗機的那一位，他是我見過最好的員工。」

他指向窗外一架大型的鏟斗機，機器正忙著把土鏟進一輛大型砂石車。

「對，他操作那部機器好靈活，好像他自己的身體一樣。他很棒。」我對地區經理說。

「你知道嗎？」地區經理繼續說，「他不只是很好的設備操作員，他也是一個好男人。他有妻子還有四個孩子，都是好孩子。」

「居家好男人。」我很肯定。

「說得太對了，」地區經理對我說，「太對了。」

「嗯，我們回辦公室，仔細談一談數字吧。」我開口了，我不想把無可避免的對話再拖下去。地區經理比我還清楚這些數字。關閉礦場後多餘的人力讓他每一處還在運作的礦場都提升了產量，但是根本還不夠支付多出來的費用。他現在的員工太多了，他也很清楚。他負責的剩下五處礦場賺的錢不夠多。

我們走進他的辦公室，坐了下來。

「我知道你要說什麼。」他對我說。從他的聲調中，我聽得出來他準備開戰了，他想要對我發飆。我要步步為營。

「嗯，那我想我就不用多說了。」我說，「數字會說話。」

「數字沒辦法把所有的話都說清楚。」地區經理宣稱。

「當然沒辦法，」我回答，「但數字可以把付帳單的那部分講清楚。」

「事情沒有這麼簡單！」他回答，顯然非常氣餒。

「我懂。」我對他說著，希望表現出同理心。

「你懂嗎？」他語帶攻擊。

我判定我必須制住他。

「懂，」我堅定地對他說，「我當然懂。」

地區經理坐著看著我，對我的語氣感到微微意外，現在我居然宣稱我懂他的業務了。但我說的懂並不是指懂他的業務，而是他身為領導者所處的情境。

「我知道，你有很多人要顧，」我說，「有很多人仰賴你做出正確的決定，決定他們能不能繼續保有工作，決定他們能不能付得起房貸並養活一家大小。這些都是很沉重的決定，這些都是很困難的決定。我也經歷過。我也曾經做過關係到某些人生死存亡的決策。我要決定我們要出哪一種任務，要進入哪一個地區，我要指派誰做什麼。我一再地、一再地把我的人送入虎口，他們都是我的朋友、我的弟兄。結局不見得永遠都圓滿。」

地區經理現在豎耳傾聽了，這是他第一次真正聽我說話，我終於和他搭上線了。

「聽我說，」我繼續，「你是領導者，領導者要負起重責大任。在軍隊裡，我們說這叫『指揮權的負擔』，指的是你感受到必須為了那些替你賣命的人負責。在海豹部隊裡，我面對的是人命，在這裡，你要處理的是生計。兩者不盡相同，但很相近。有人要靠你才能付得起帳單，才能養起一個家。你關心這些人，這也是應該的。我也很在乎我的屬下，他們是我的一切。這是領導二元性中最難處理的一種。」

「那是什麼？」地區經理問我。

「這是指，你把你的人放在第一位，但在此同時你又必須領導他們。身為領導者，你可能必須做出傷害到團隊成員的決定，但為了團隊中每一個人更高遠的利益，你也必須做出讓你能繼續執行任務的決定。如果軍中的領導者決定他們要讓部隊避開所有危險，不去管要付出什麼代價，那他們能做什麼事？」

「嗯，什麼也做不了。」他同意。

「你完全說對了。」我說，「如果沒有軍隊執行任務，我們的國家會淪落到什麼地步？我可以告訴你，我們甚至連國家都沒了。正因如此，軍隊裡的領導者必須善盡職責。你現在也處於同樣的狀況。你已經竭盡所能保住所有的工作，但沒有工作了，就是沒有了。你已經苦苦掙扎八個月了。你從關掉的礦場調了多少人過來？」

「一百四十七個人。」地區經理答道。

「在你調他們過來之前，其他五處礦場聘用多少人？」

「大約六百人。」他說。

「所以是，你努力要保住一百四十七名員工的工作，」我點出，「但你讓其他五處礦場的六百名員工處於險境，讓你的整個任務都有風險。如果你不做一些很困難的決策，最後結果就會是這樣。」

地區經理沉默地坐著，他聽進去了，我從他的眼神當中看得出來。

「但……我不知道……我不知道自己做不做得到。」他冷靜地說，「有些人就像我的家人一樣。」

「嗯……我要跟你說一件事，」我回答，「如果你不挺身領導他們，你覺得公司會怎麼做？」

「他們要不就把所有礦場關掉……要不就……」他的聲音漸漸低了下來，不想面對另一個明顯易見的可能性。

「要不然怎麼樣？」我問。

「要不然就開除我。」他回答。

「沒錯。」我同意，「現在，對每個人來說，怎麼做會比較好？是關掉所有礦場嗎？還是讓其他不像你這麼在乎團隊的人進來、接手你的工作，然後大刀闊斧砍人以壓低成本？我知道這很難，但是如果你不做你該做的事、你知道你需要做的事，你誰也幫不了。而且你根本也沒在領導，事實上，剛好相反。如果你放著艱難的決定不管，你是在傷害你在乎的人，而不是幫他們。領導裡還有另一種二元性：為了幫助團隊，有時候你必須傷害他們。這就好像醫生動手術一樣。手術是很殘暴的行動：切開身體，切除某些部分，然後縫回去。但為了救命，外科醫生必須做這些事。你在這裡要做的事也很殘暴，我懂，但是，不做的話會引來更殘暴的後果。」

地區經理直點頭，他懂了。他是在乎部屬的良善領導者，這是可敬且重要的領袖特質。但他迷失了太久，也沒有平衡當中的二元性，他太過在乎他的人，卻太不關心他的使命。他沒有看到策略上最重要的事物。為了保護某些員工，他讓他的任務和其他員工處於險境。現在，他理解這麼做是領導上的失敗。一旦領會到這一點，他就可以修正路線，重新平衡二元性。他必須做出艱難的決策。他不喜歡這樣，但他懂。

接下來的兩個星期，這位地區經理辭退了將近八十人。他不喜歡這麼做，但不得不然。他必須領導。精簡下來的成本讓礦場轉虧為盈，他們又再度獲利，而且踏上一條在可預見的未來都能繼續前進的路。地區經理如今理解了領導二元性中最困難的一面：**領導者必須關心團隊，但在此同時領導者也必須完成使命，而這麼做會有危險，團隊有時也得承受無可避免的結果**。地區經理現在明白了，他必須在完成使命與關心員工之間求得平衡，無法平衡兩個互相拉扯的目標，將會讓他兩邊都做不到。

Chapter 2

全權負責，但要授權給他人

喬可・威林克

2003
伊拉克費盧傑
Fallujah, Iraq

地上都是血，空氣裡煙霧瀰漫。我聽到外面有槍聲，但不確定是誰開槍或是要對誰開槍。我走過走道，確認所有房間都清空了。我很快就發現血是從哪裡流出的：有一個伊拉克平民受了傷，我手下的海豹部隊醫務士是受過專業訓練的軍醫人員，正在努力施救。

「怎麼了？」我問。

「爆破時他在門邊，」海豹部隊的醫務士回答，「他一定站得很近。他失去一隻眼睛和部分的手，動脈受創，才會流這麼多血。」

我們海豹部隊用來進入的爆破開通炸藥設計成有足夠的力道可以衝開門，但盡量降低對於屋內平民造成的連帶傷害。此人顯然就在門的另一邊，被炸彈碎片炸傷。

「他可以活下來嗎？」我問。

「可以。我已經止血了。」醫務士回答。

他比了比他在這名伊拉克人手臂上綁的止血帶。現在他在處理此人的眼睛。

「收到。」我說，然後繼續我的行動。走道是一個迴圈，環繞建築物的整個樓層，最後回到我們剛剛開始執行清空行動時的樓梯間附近。我查完最後一間房，確定完全清空。

我打開我的無線電，宣告：「目標安全。設置警戒，開始搜索。」

那是二〇〇三年的秋天，我率領的這一排海豹部隊展開此項行動，為了是要逮捕或處死一名躲在伊拉克費盧傑市的恐怖分子領袖。此地是伊拉克最危險的地區之一，遭受敵人攻擊的機會很高。我是排指揮官，但是我的資深士官群知道該怎麼做。他們負起責任，確認已經設置警戒，並開始搜索每一個房間。我們拘留了十三名年齡仍屬於役男範圍內的男性，其中一個有可能是我們在追蹤的恐怖份子。我們綁住他們的手，進行搜查，準備帶著他們走出建築物，坐上我們的車從這個目標轉至他處。

我的無線電耳機突然傳來一個聲音：「喬可，你那邊可能要快一點，這邊的當地人在躁動了。」

無線電裡的是我的任務小組指揮官，他在外面控制悍馬★以及下車負責維持外面安全的海豹隊員，同時和當地的美國陸軍單位協調。他身為地面戰力指揮官，負責整個行動，包括我和我的突擊隊。我的突擊隊進入據信是該名恐怖分子藏身之處的建築物，清空並實施安全措施，現在聽起來我們要加快搜索行動。

「收到。」我回答。

我的突擊隊發現目標建築物裡有點混亂，超過我們的預期。清空建築本來就是很複雜的工作，這棟建築的格局又特別奇怪：有很多互通的小房間和角落，這些都需要清空。讓情況更複雜的是，我們使用的幾發爆炸性開通炸藥和閃光榴彈☆在空氣裡激起濃重的煙霧，遮蔽了視線，讓局勢更不明朗。另外還有些囚犯以及受傷的伊拉克人需要醫療照護，因此整個發展並不讓人意外：我們被拖延、失去了動能。看起來，大家都不知道接下來該怎麼做。我要幾名手下開始收尾。

「我們要離開了。」我說，他們點點頭，手上忙著本來的工作。完全沒有進展。除此

★ 全名為高機動性多用途輪式車輛（High Mobility Multipurpose Wheeled Vehicle），簡寫成「HMMWV」，一般口語上稱為「悍馬」。

☆ 閃光榴彈又稱為「閃燃」榴彈，是一種非致命的裝置，用於製造鮮明閃光和響亮爆炸，意在阻嚇而非製造傷害。

之外，我還聽到外面傳來槍響，這很可能是預告戰況要加劇的警示槍聲。槍聲讓我的任務小組指揮官警鈴大作，我必須讓排裡的弟兄快點行動。

「注意聽！」我大喊。忽然之間，整棟建築都安靜下來了。「不負責後方警戒的人，開始過來我這裡集合。離開，各帶著一名犯人，護送他們出去回到悍馬車上。我們要帶走所有役男年齡範圍內的男性。行動！」

幾乎是馬上，全排弟兄都回到正軌。他們往出口走去，來跟我報到後離開，各押解一名犯人，帶著他們下樓回到街上。一分鐘後，我的士官長（他是排裡的重要領導幹部）上來找我，拍拍我的肩膀，報告說所有犯人都已經帶出去了。現在建築物裡只剩我們兩個人以及負責後方警戒的最後兩個人。

「那好，我們也走吧。」我說。士官長叫後方警戒的人收工往出口移動，等到他們來到我們身邊，我們就離開這棟建築。我們在通往街上的門口等著後方警戒兵過來，我們一起走向指定的悍馬車。

我們一坐進車裡，主導航員就下了命令：「從後方開始報數。」

每一輛悍馬車裡的車輛指揮官依次報數。

「六車到。」

「五車到。」

「四車到。」

「三車到。」

「二車到。」

「一車到；我們出發。」

一聲令下，車隊出發，走過費盧傑市漆黑的街道，大家槍口朝外，雙眼透過夜視鏡緊盯，掃描任何威脅。我們快速且燈火管制的行進方式效果很好，有利於避開敵方伏擊。半小時候，我們安全進入美軍一處前進作戰基地裡面。我們將囚犯交給陸軍拘留，並和軍方的情報人員合作。

完成交接後，我們回到連結費盧傑和巴格達的大街上。費盧傑附近的道路崎嶇顛簸，因為連續不斷的暴力破壞而損壞。但是在費盧傑之外，道路的品質就像美國常見的高速公路。大約過了一小時，我們回到與巴格達國際機場（Baghdad International Airport）相鄰的基地。在戰爭還沒開打的幾個月之前，這座機場原名為薩達姆・海珊國際機場（Saddam Hussein International Airport）。

回到基地，我們就根據標準作業程序行事。首先，我們替悍馬車加滿油料，以防隨時又收到出動的命令。我們希望時時刻刻做好準備。然後我們把悍馬車停好，人下車，在本排的規劃區集合，簡報本次任務。我們還穿著行動裝備，以免臨時收到通知要再度行動；

我們詳細檢視了行動中的所有細節：犯了哪些錯、有哪些地方可以再加強、有哪些部分表現得很好。做完簡報，我們回到車上，保養排裡的裝備：這裡指的是悍馬車、重型武器、導航系統以及通訊裝備。做完之後，我們轉往武器清理區，清理個人的武器。等到保養完團隊和排內的裝備、海豹隊員也清理維護好個人的裝備之後，最後才輪到照料他們自己：沖個澡，快快吃點東西。都結束之後，我和副排長就會開始檢視隔天晚上可能會出哪些任務，準備好行動簡報告知排上弟兄。早上六、七點鐘，我們會去睡一下，然後十一點起床吃午餐。

這樣的周而復始很快成為我們的行動常態：晚上大多數時候進行直接戰鬥突襲，瞄準可疑的恐怖分子或是海珊政府的忠實信徒。有一件事可能很多人都不相信，那就是我們跟多數夜間行動的海豹部隊一樣，之前並無實戰經驗。我排上的弟兄沒人參加過第一次的波斯灣戰爭（Gulf War）；那場戰事只持續了七十二小時，地面作戰時間有限。我們也都太年輕，沒趕上格瑞那達（Grenada）或巴拿馬（Panama）的戰事。見證過索馬利亞（Somalia）行動的海豹隊員更是少之又少，我們當中都沒有。在伊拉克戰爭開打之前，我們多數人最接近戰鬥的經驗是北阿拉伯灣（Northern Arabian Gulf）的反走私行動，執行聯合國對海珊政府的制裁。我們登上大船或小一點的阿拉伯木帆船，查緝疑似從伊拉克運出的走私石油或其他違禁品。我們從小艇上或用直升機跟著這些船，一旦確定進入公海之後就會登船，快速進入船舶的艦橋，掌控船隻和船員。控制情況後，我們會呼叫美國海軍或海岸防衛隊登船小隊，接手之後的工作。

一九九〇與二〇〇〇年代初期的反走私行動經驗雖然聊勝於無，但那不是什麼極具挑戰性的任務。我擔任副排長時參與過好幾次行動，但我們從未開過一槍，而且，說實話，當時根本也沒什麼真正的實質威脅。但那就是我們肩負的任務，我們也很專業地完成。

這些任務和在伊拉克追捕恐怖分子的地面戰相去甚遠。在伊拉克，威脅絕對大得多，行動也絕對更激進。由於我們全無戰鬥經驗，因此我深入規劃與執行行動的細節。我第一次實戰時，潛意識覺得必須向自己、也向身邊的其他人證明什麼。為了保證我們確實做到最好，我鉅細靡遺地掌控任務流程的所有細節。一旦我們接到情報單位鎖定的目標，我就一頭栽進去，檢視所有進出目標的路徑、審視情資、幫忙規劃爆破團隊的先後順序、安排突擊隊的任務、替悍馬車設定移載計畫，然後進行演練。簡而言之，我的世界裡的每一件事都歸我管，全部都是。

當然，我也希望排裡比較資淺的人可以站出來，負起責任，由他們領導某些任務。但他們就是沒這麼做。這有一點讓人意外，因為我知道排裡有很可靠的資深與資淺士官，他們可以做更多事。然而，他們並沒有滿足我的需求，如我所願地挑起重擔。因此，我繼續詳細監督所有大小事。什麼都一把抓。

然而，我能做的有限，我能負擔的責任就是這麼多。很快地，行動節奏加快了。我們除了執行直接戰鬥任務以追捕或處死敵軍之外，又開始從事多項額外行動，包括空中偵察和地面車輛偵察，再加上其他收集情報的行動。

某天早上，我們要負責幾項偵察任務，在此同時又收到資訊，當天傍晚可能同時有兩項執行逮捕／處死的直接戰鬥行動。我知道不可能由我一個人負責所有行動，因此我把這些任務分派給手下四名資淺領導者，要他們想出一套計畫，要做到「去衝突」（deconflict）★，彼此不可爭奪資產與人員，在他們想出計畫之後來找我。接著，我就退開，要他們解散。

結果出乎我的意料。他們負起責任。他們想出了穩固、戰術上有憑有據的計畫，而且極有創意，發展出嶄新的構想，讓我們在執行作戰計畫時更有成效。最重要的是，他們挑起行動的全部責任，抱持著信心和積極在做事，那正是我們要在戰鬥中求勝所必要的因素。這就是我一開始希望他們能做到的。當然，我仍然要擔負絕對責任，這條基本原則過去導引著身為領導者的我所有行事作為，到現在仍是。我仍要為他們的行動、計畫、他們執行任務的方法以及這些任務的成敗擔負全責，但我的責任要和釋出指揮權互相平衡：我必須容許他們在他們所屬的層級擔負起任務，充分授權給他們，讓他們懷著信心去執行，並帶著確信去領導。

我們的行動節奏愈快，我愈沒有時間可耗在細節上，他們也擔負起更多責任。很快地，我能做的就只剩粗略查核他們的任務計畫，然後派他們出去自行執行任務，我、副排長或是士官長都不介入，換言之，沒有資深海豹隊員監督。

我手下的資淺領導者表現得好極了，我也從中學到寶貴的一課：他們之前之所以沒有站出來，是因為我不容許。我挑起絕對責任、承擔一切的態度，讓他們根本無事可負責。他們並不明白這一點，我也不懂，但是我什麼事都一手包、什麼都要掌控，讓他們關上了心門。他們並未放棄，也沒有表現出惡劣的態度，完全沒有。但是，身為領導者，我已經立下前例，讓他們知道我什麼都自己來。當我什麼都做，他們就退縮了，等著我交代計畫並做出決定。一旦我往後退，開始交給他們經手，他們負責每一件事，而且做得很認真。看到這種情況真是讓人開心。我看著他們以全副的心力和專注投入自己的任務當中。

這套作法帶來諸多好處。第一，**由於我不再需要處理細節，就能更清楚看到大局**。我可以開始把重點放在和這個地區其他單位協調，更理解情報的內容，並確定我完全了解此地的地形與目標。

第二，**我不再需要聚焦在任何特定的行動上，所以更能看清不同的行動如何能互相支**

★去衝突：美國的軍事用語，用來指稱各單位之間詳細的協調以整合行動時程，確認能得到彼此最多的支援，並防止發生友軍開火或「自己人打自己人」的狀況。

援或者會不會彼此衝突。從這個觀點出發，我更能在適當的時機將資源妥善配置到適當的地點，不會讓我們的人力或設備疲於奔命。

最後，交由我的下級領導者負責戰術性行動，我就有機會從更高的層次來檢視任務。現在，我可以把情報拼湊起來，知道如何盡力去逮捕或處決最多的恐怖分子。這讓我可以開始往上看，把眼光放在下一個階段，而不是往下看，只看到自己的團隊。

我很明白把團隊當成己任、擔負起絕對責任這件事對於領導者來說很重要，然而，這一次的狀況讓我理解我做得過頭了。**真正的絕對責任是指，所有責任都歸諸於身為領導者的我，但是，這並不代表身為領導者的我要自己去做每一件事**。我對絕對責任的誤解妨礙了我釋出指揮權，分層指揮權是本排能以最高效方式執行任務不可或缺的要素。我必須在自己擔起所有責任以及讓團隊負起責任之間找到平衡。

但我也曾有不夠負責的時候，太過不聞不問，讓這種二元性往另一面發展得太過頭。抵達伊拉克之前，本排已經為了一項具有敏感性的重要任務預作準備並先行演練。這是一次海上行動，我們必須培養一些新的技巧，以利在海上和指定的船隻相會，並在極端艱困的條件下讓人員移動。

身為一個正在練習釋出指揮權的領導者，我盡量授權給下級領導者，讓他們去領導，因此，我請其中一位資深海豹士官負責這項行動。他的職責包括培養新技巧與進行演練，確保我們做好實際行動的準備。這位士官是資深老練的海豹隊員，執行任務時大受好評，我相信他，也知道他能達成使命。我們在從事這項任務時必須和美國海軍特種作戰部隊（Naval Special Warfare）的船艦組合作，他們的人駕駛高速船艦，以配合海豹部隊的任務。我們要和他們充分合作，才能了解如何最有效地利用他們的優勢。資深士官和船艦組開了幾次會，我們也開始在碼頭旁邊演練，在岸上操演相關技巧，同時也到海上去演練，以發展並測試我們將會用到的作業程序。新的程序使用的是我們已經熟悉的裝備：海上無線電、夜視鏡、雷達、一吋尼龍管以及一些海上使用的裝置。我們一搞清楚相關的概念，這些事就相對直截了當，也簡單易懂。

我們就這樣不斷持續開會並在碼頭進行演練，在此同時，我注意到我這位資深海豹士官的做事態度相對散漫，不同於我自己平常的行事風格。由於我沒有時時刻刻緊盯著他不放，因此他也沒有太費心監督排裡其他弟兄。他愈是放任排上兄弟，他們就愈得寸進尺。

我們預定要在洞七洞洞★和海軍的人碰面，但排上有些人到了六點五十九分才現身。排裡規劃好要進行六次演練，但最後實際上僅做了三次。部隊集合時很多人的制服都沒穿好，甚至還混合了一般的民間穿著。他們看起來非常不專業。還有，排裡在演練任務時雖然設

★洞七洞洞：這是軍方的時間說法，以二十四小時制為基礎，相當於一般人以十二小時為基礎講的早上七點。

想預期會發生的狀況，但是並未針對任何可能的意外做應變演練。

這種情況持續了好幾個星期，我們也愈來愈逼近要實際執行任務的時間點。我仍維持著一貫自由放任的態度，讓資深士官繼續以相對鬆散的方式領導。我並不放心，但我希望他能承擔責任，我也知道我信任他。我的直覺告訴我，問題已經過頭了，我任由大家變成一盤散沙。但我從來沒有和我的資深士官或是排內弟兄一起去處理這件事，我以為，既然我要他負責，那就是他的責任。

我們在海上演練的第一天事情出現變化。開航時間是洞六洞洞，這表示，海軍特種作戰部隊的船艦會在早上六點鐘準時從碼頭出發。我五點半就到了，穿好制服、做好準備出發，登上我方被指派的兩艘船其中之一，我一次又一次檢查我的裝備，確認我已經準備好執行任務。

快六點時，排裡其他人才拖著腳步進來。人三三兩兩過來，服裝儀容不整，匆忙地跑著，害怕會遲到。

到了六點，排裡還有兩個人不見蹤影。

特殊作戰部隊船艦組長過來找我們的資深士官，跟他說出航時間到了，資深士官解釋他還在找最後兩個人，他們會遲到幾分鐘，我們要等一下。

他們終於來了，越過跳板（從碼頭上船的舷梯）上船，時間六點零七分。

遲到七分鐘。

我深感丟臉，對於我自己，對於這一排，對於整個海豹部隊。通常海軍的船艦會把跟不上的人拋下，海軍通常說這些人「錯過行動」，這是很嚴重的違規，會招致嚴厲的懲處。但因為這次行動還牽涉到我們，船長才同意等一下這兩位海豹隊員。但這種事不可原諒。

等到我們這一排的人都上了船，這兩艘海軍特殊作戰部隊的船終於啟航，往地平線駛去，逐漸看不到岸邊。等我們進入指定演習的海上工作站，資深士官即下令行動。排內弟兄站上自己的位置，開始工作，設置裝備，打開我們的通訊裝備，準備瞄準目標執行行動。我已經交由資深士官負責本項行動，因此我負責的是我被指派的任務，擔任海豹部隊其中一名射擊手，是前線部隊之一。

然後，我忽然有一種感覺，覺得排裡好像士氣低迷，還夾雜了恐慌。

從排裡海豹弟兄的對話中明顯可知，他們遺漏了某件物品：

「我沒拿。」

「我還以為你有帶？」

「你上一次放在哪裡？」

「那又不是我的事。」

「又沒人叫我帶。」

我靜靜看了幾分鐘，看著排裡的弟兄驚慌失措。我走到資深士官旁邊。

「什麼問題？」我問他。

「我們忘了帶一吋尼龍管。」他喪氣地說，他知道這個小東西對整個任務而言是非常重要的裝備。

我再一次感到失望、羞愧與憤怒。顯然，身為領導者，我太過放任了。

「收到。」我對他說，「那你最好找個什麼東西來用。快點。先去找艦艇水手長，他們一定有備品。」

資深士官問了幾個人，看看誰有多的一吋尼龍管。最後，船艦組的人拿來足夠的半吋尼龍管，讓我們綁在一起用，就這樣去執行任務。不漂亮、不理想，如果你想的話，也可以說這不太安全，但我們還是拿來用了。更糟糕的問題是，我們現在嚴重落後原定時程，而且這完全是我們自己的錯。

我們繼續演練，完成模擬任務，然後返回碼頭。我們在碼頭卸下裝備，穿過大半個基地，回到本排做規劃的會議室。

回到排內，我要求排上簡報整個訓練活動。他們提到遺漏的裝備以及其他我們必須做得更好的事。但是大家的批評都很輕描淡寫，完全看不到應有的反省。我什麼都沒說。等到簡報進入尾聲，我問：「還有沒有人想說什麼？」沒有。我坐了一分鐘，以便確認。沒有人要面對我們的表現低於標準的問題。這不是好事，我必須負起絕對責任。

我要這一排的領導幹部來我辦公室，他們看得出來我很不滿意。等到最後一個人進來，我關上了門。

「我想要做你們手上的每一件工作，所有的事。」我直率地對他們說，「我知道怎麼做，我也知道怎麼樣把事做好，我知道如何確認不會有人遲到，我知道如何確認我們不會忘了出任務要用的裝備，絕對不會。我非常清楚該怎麼做，我也想好好做，我想要管理這一排，我想要管理這一排的每一件事，達到精準且堅定的標準，不要讓別人質疑我。但我也知道，這不是經營本排的正確作法。我知道，這麼做會壓制你們身為海豹隊員與領導幹部的成長。因此，我要再給你們一次機會，再一次確保不會發生今天這些事。不能再有人遲到，不能再有人忘記裝備，每個人都要早到。你們要執行每一項任務、每一項行動、每一項訓練活動，把這些當成你人生中最重要的一等大事。如果我們再出現一次失誤，你們就完蛋了。我會自己管。就這樣了，聽懂了嗎？」

那位資深士官是我的朋友，也是很可靠的海豹隊員，他完全知道我這番話所為何來。他知道我是對的，也知道我說到做到。

「懂了，長官。」他回答，「以後一定不會有這種事，我一定會確保做到，我們都會。」這件事就這樣了。本排從未再讓我失望。幾星期後，我們去伊拉克部署行動，執行一次又一次作戰任務，在整個伊拉克積極追捕敵人。我在海上行動事件之後發出要大小事一把抓的威脅，已經足以改變他們的態度、行動與責任感。他們不曾再因循苟且；等我們到了伊拉克之後，我反而變成那個必須放鬆的人。我必須讓他們主事，我必須讓他們負責，我必須讓他們領導，我必須在承擔太多與太少責任之間求取平衡。

法則

什麼都管和什麼都不管，是恰恰相反的領導風格。

大小事一把抓的主管，控制團隊裡每個人的想法和行動。鉅細靡遺型的管理會失敗，因為沒有任何一個人能在動態環境下完全控制多人去做多項任務，因為情境快速變化，而且還不可預測。這也會壓抑部屬的成長：當人習慣聽命行事，就會開始等別人下達命令，主動性慢慢消退，最後完全消失，創意和大膽的想法、行動也會跟著消失。團隊自此成為簡單、不多加思考的機器人，聽取指令但不理解，只有在有人要他們前進時才會有動作。像這樣的團隊，不可能到達偉大的境界。

什麼都不管的領導者抱持自由放任的態度，這剛好是另一個極端。這種領導者不會提出具體的方向，在某些時候，甚至根本沒有清楚的方向。放手型領導主掌的團隊不像被管得死死的團隊那樣沒有想法，反而是想太多。團隊成員有高遠的構想和計畫，他們提出新的戰術和程序，他們甚至開始逾越責任與職能的分際，發展出自己的大型策略。多如牛毛的構思和想法如果無法配合公司更高遠的願景與目標，就變成一大問題。軍隊也是，放開手不管理的部隊不會推動團隊朝向策略性目標挺進，反而是隨意發展。他們不僅無法為彼此提供簡單的支援，經常還去做和其他團隊成員手邊工作直接衝突的專案和工作。

要在這兩種領導風格中找到正確的平衡，領導者必須找到中庸之道，關注團隊，確保領導者不會在任何一邊過了頭。當領導者在這兩種領導風格中的另一邊做得太過頭時，會出現一些明顯的警訊。大小事一把抓的管理會引發一些共同的問題表徵：

一、團隊完全不主動。除非收到指示，不然團隊成員不會有所行動。

二、團隊不會為了問題尋求解決方案，反之，成員會坐下來等人告訴他們如何解決。

三、即便在緊急情況下，被牢牢管理的團隊也不會動員並採取行動。

四、少見大膽且積極的行動。

五、創意受制，到頭來根本完全消失。

六、團隊成員傾向各自為政，不會站出來和其他部門協調工作，擔心踩過界。

七、整體上展現被動感與毫無反應。

一旦領導者看到團隊出現這些行為，就必須採取矯正措施。領導者必須自制，不要再發出詳細的指令；此時不要說明任務是什麼以及如何做；反之，要說明任務的大目標、最終想要達到的狀態以及任務為何重要，然後讓團隊去規劃如何執行。領導者應繼續監督事情的發展並查核團隊進度，但除非團隊提出的計畫會造成太過負面的結果，不然的話，要克制自己不可提出明確的指引。最後，考量時間和風險後，如果有機會，領導者應該完全從團隊退開，讓團隊自行規劃與執行。以布魯瑟任務小組來說，我們經常在部署前置訓練循環中這麼做。包括萊夫、第四排指揮官賽斯．史東和其他資深士官等資深領導者都會退開，讓資淺領導者出線、規劃、執行訓練任務。我們看到資淺領導幹部很快就從被動等待命令轉型為事前主動的領導者，會評估問題並執行解決方案。

當領導者對團隊放太開時，會出現以下的問題表徵：

一、沒有願景，不知道團隊要做什麼、怎麼做。

二、團隊成員彼此缺乏協調，大家在做的工作通常會互相較勁或彼此干擾。

三、太過主動行事，逾越授權範圍，個人和團隊都去做超越他們有權去做之事。

四、無法協調。被嚴密掌控的團隊因為不想越界因此不和其他團隊協調，沒有良好導引的團隊很可能也無法協調，但不是因為恐懼，而是出於無知。當團隊努力解決問題、達成使命時，忘了其他團隊很可能也在動員，最後干擾彼此的作為。

五、團隊聚焦在錯誤的優先任務上，或是尋求並不契合團隊策略性走向或指揮官意向的解決方案。

六、太多人都想出頭領導。每個人都想帶頭，實際執行的人就不夠。領導者看不到進展，只看到討論；看不到行動，只看到冗長的辯論；看不到齊心的推動，只看到各行其是的片段。

一旦領導者看到這些行為，就要採取一些基本行動，好把團隊帶回正軌。首先也最重要的是，要下達清楚的指示，要用簡單、明確的方式解釋使命、目標與最終狀態。團隊也必須理解實際上是有範疇界線的，一旦逾越應該採取哪些行動。如果團隊同時從事多項互相重疊的工作，領導者必須下決定，明確執行選定的行動方針。團隊也必須了解其他團隊執行的行動，才能達到去衝突化。最後，如果團隊因為太多人搶著領導而動彈不得（這是典型的「教練太多，球員太少」問題），那麼，領導者就必須指定人選，明確描述團隊領導者的指揮鏈、角色和責任，並授予適當的權限。

我就看過，當排裡收到任務、卻沒有明確指定領導者時，海豹部隊的各任務小組（包括布魯瑟任務小組）出現這種狀況。每一個海豹部隊任務小組都有兩個排，每一排都有一位指揮官、一位排長、一位副排長和一位士官長。如果排裡收到任務時沒有指派哪一排領頭，兩個排就會各自提出自己的方案與行動方針。各排沒有得到指引、不知道哪一排該領導行動的時間愈長，他們埋頭去做的計畫就愈深入，浪費愈多時間與精力。明確講好哪一排要領導行動、哪一排負責支援，就能輕易解決這個問題。指示明確了，就能協調大家要做的事，團隊就能齊心執行一致的計畫。

同樣的，關鍵是要求取平衡，**找到一個均衡點，部隊能憑藉指引執行計畫，但在此同時又有決策和領導的自由度**。

業界應用

最終產品賣出去了，但問題是最終產品還沒有真的完成。當然，有一些用手工一次一個做出來的堪用試用版模型，但是最終版本的產品尚未定案。此外，也還沒有設定大批生產的標準製造流程。

讓問題更嚴重的是整個產業的概況。這是一項車用產品，因此又更添難度。首先，若要整合軟體，必須要和幾家不同的車廠，以及他們各自的汽車型號相容。第二，產品必須能裝在預先設計好的空間，這樣一來，就不能大幅改變設備的形狀和容量。最後，在汽車製造的安全規範之下，生產時能用的材質少有可選擇的空間。

我來到這家公司，準備替他們上為了培養新領導者而舉辦的培訓課程，公司的運作看來很順暢。這家公司在業界已經站穩腳跟幾年了，目前處於成長階段，開辦課程以培養新進獲得升遷以及外聘進來的領導幹部。這家公司員工的工作態度很好，大家對於未來的機會躍躍欲試，大好的發展就在眼前。

整個公司也展現了豐沛的信心。公司的成長有一大部分已經轉向，準備支援正在規劃推出的這項新產品，目前已經有訊號顯示新產品需求很強烈。我第一次和這家公司合作時，正好遇上新產品推出的最終階段，他們已經完成大部分的設計，也針對軟體做過初步測試，並且開始推動最終設計要採用的製造流程。推銷人員也已經開始動作，他們都是很厲害的業務人員。整體來說，這家公司以及內部的運作讓我深感佩服。我把多數的時間花在訓練最近獲得拔擢以及外聘的領導者，其他時間則花在熟悉公司的領導以及業務狀況。

我替公司上了為期三天的領導發展課程，培訓方案結束時，我帶著一份計畫，準備六個星期後再回來。等到那時，我會替來上過第一段課程的領導者接著上追蹤培訓，並為第二輪的晉升與外聘領導者上新課程。

然而，六個星期後我回來時，公司裡的氣氛為之丕變。熱情和信心不見了，機會和成功的願景不見了，取而代之的是另一種新態度：恐懼和不確定。

執行長對我直話直說。「我認為我們辦不到了。」他說的是已經排定的新產品時程，「從你上一次來過之後，我們幾乎沒什麼進展。我們的進度已經停滯，團隊根本做不出什麼東西。」

「這些團隊的領導幹部是我訓練過的那些人嗎？」我問；我指的是那些上過前線部隊基本領導課程的中階經理人。

「不，完全不是。」執行長回答，「那一群人我不用擔心。做不出績效的是我的資深領導群。」

「問題大概出在哪裡？」我問。

「我不知道。」他回答，「但我們要處理。我們能不能把你接下來要替中階經理人上的培訓課程延後，你先花幾天時間和我的資深領導群相處，看看到底哪裡出了錯？」

「我想可以。」我回答，「我先來確認我的行程。」

我打電話給前線部隊的營運長傑米（Jamie），他很快地挪動了我行程上面的活動，空出時間，讓我可以因應執行長的需求，和公司裡的資深領導團隊交流。

「你想和團隊談談嗎？」執行長問道。

我已經替他的資深管理團隊上過絕對責任和作戰領導法則的課程，他們很能掌握其中的精髓。我不需要多說，我需要實地檢視，看看到底發生什麼事、問題又在哪裡。

「不了，」我回答，「我該講的都講了。我需要看看團隊的實際運作。整個資深領導團隊下一次何時一起開會？」

「嗯，我們剛好幾分鐘後就要一起開會，午餐後還有另一個會。」執行長回答，「在兩場會議之間還有整個下午的時間，我會和這些領導者以及他們的團隊會談。」

「行程很緊湊。你一個星期要開幾場這種會？」我問。

「我們其實每天都開。現在有很多事，我必須負責任，絕對責任，好控制事情的發展並導向正軌。」

「明白。」我慢慢地回答；我在想，我是不是看到了第一個問題徵象？

我們走過走廊，去開第一場會。整個領導團隊都到了。我以為這場會議會開得很快，大致上就是更新最新狀況。我錯了。每一位領導者都詳細說明自家部門的最新狀況，細節擴及根本不應該由高階主管管理的部分。討論行動方針時，提出來的選項沒有明顯差異，大家花了很長的時間爭論，最後，執行長決定各個團隊如何執行。這場會議開了將近整整兩個小時。如果這樣還不算糟，等到會議總結時，跟著又要開另一場會了，這一次來的是工程團隊，他們希望得到指示，了解是哪些製造商會使用產品的哪些部分。這場會議也陷入細節當中，又開了四十五分鐘。不知不覺間，已經是午餐時間了。

我和執行長一起回到他的辦公室，用餐時，他還一邊回覆從電子郵件和他兩支手機傳來的大量問題，發問的人都不是他的直屬部屬，而是前線的工程師，他們在解釋要嵌入新產品的電子元件瑣碎細節。

在這些電子郵件對話與電話應答之後，我們進入了下午的領導會議。我又期望這會是一次快速確認進度以及解決相關問題的會議，我又錯了。

這場會議就和之前的一樣，很快就陷入旁枝末節的討論，涉及產品工程、製造、行銷與銷售的每一個面向。執行長深入規劃與執行的每個部分，做每個層級的決策。當我檢視會議中的其他人時，我期待看到灰心喪氣，但大部分的人臉上並無挫折，他們就坐在那裡看著，等著輪到自己發言並得到執行長針對問題所做的回答。公司裡沒有情緒、沒有沮喪、沒有迫切感，團隊裡完全沒有一點主動。

差不多的日子又過了兩天：開會、開會、開會。決策敲定，大部分都由執行長拍板。最後，在某場會議結束時，我和執行長走回他的辦公室。

「你現在明白我在講什麼了吧？」他問。

「我確實懂了。」我回答。

「他們完全不主動，他們完全不敦促落實結果，他們完全不承擔責任！」他嘆道。

「從每一場會議中都可以看得很清楚。」我指出。

「是。那我要怎麼做？」執行長發問，「我要如何才能讓他們承擔絕對責任？」

「答案很簡單，但不容易做到。」我回答，「你必須把責任交他們。」

「我正在嘗試，我也以身作則，擔負責任，但是他們就是完全不負責！」執行長抱怨。

「沒錯，事情就是這樣：你負起責任，但是你擔負了太多責任。」我對執行長說。

「太多責任？」他語帶疑惑地問道，「你根本沒說過會有太多責任這種事。」

「沒錯，而且，對，我應該要把這件事解釋得更清楚。」我說，「領導者確實會承擔過多的責任。沒錯，在絕對責任之下，你要負責你所掌理世界裡的每一件事，但不能由你去做每一個決策，你必須授權團隊去領導、去負責。所以說，你必須把責任交給他們。」

「領導者試著什麼都管，掌控團隊所走的每一步，」我繼續說，「這是一種無效的作法。」

這可能是因為領導者想要確認一切都正確，也很可能是因為領導者不相信下屬知道要怎麼做，也有可能是出於自我：領導者覺得自己才是關鍵，無論大大小小的決策都要插上一腳。當領導者承擔過多責任，團隊或下級領導者就沒有責任可以挑了，團隊因此失去主動性，失去動能。他們不做決策，他們只會坐著等命令，看要做什麼。」

雖然這番話需要時間消化，但我看得出來，執行長覺得很有道理。

「我掐住他們了，是嗎？」他說。

「喔，這個詞很嚴重，代表死亡喔。」我開玩笑說，「但是比喻上來講，沒錯。這適當描述了公司的情況。」

「那我現在要怎麼做？」執行長問。

「給他們空間，給他們空氣。」我下指導棋，「讓他們再次大口呼吸。你要讓他們做決策，你要讓他們規劃路線。你必須告訴他們終點，但要讓他們想出走到終點的方法。你必須讓他們擔負起任務中自己該負的責任，真正的負責任。之後，你就會擁有一個擁抱真實、高效絕對責任的團隊，你們的表現將一飛衝天。」

「聽起來很棒。但從戰術觀點來說，我要如何實現？」

「首先，先減少會議。這些會議是沒有進度的原因之一。他們現在不去找解決方案，只是伸手向你要。下次去開會時，你不要變成『快速鍵』。」我對他說。

「快速鍵？我怎麼會是快速鍵？」執行長問。

「你答覆每個疑問，解決每個問題，做出每個決策。」我回答，「**當你手下的領導幹部按個快速鍵就可以讓你替他們思考、也替他們做決定，他們為何要自己去想？**如果出錯是因為你做的決策，那他們大可歸咎於你。當你什麼都做好了，他們就不需要思考或行動，那他們就什麼都不動了。你的部屬現在就處於這種狀態。」

「但是如果我不回答問題的話……。」執行長開始說話。

我打斷他：「那他們就會自己回答問題，他們會自己去找答案，他們會一起合作，從源頭去解決問題，而不是把問題帶到你眼前。」

「你在講的就是釋出指揮權，對嗎？」執行長問道。

「完全正確。」我說，「而且你必須要找到平衡，均衡釋出指揮權和承擔絕對責任。如果你對團隊過度放權，大家就不知道要往哪個方向去。太過獨攬責任，成員就不會主動行事。」

「我在這方面過了頭了，我承擔了太多責任。」執行長有所體會。

「是的。」我回答，「但沒關係。你已經理解了這當中的二元性。現在，你要把鐘擺盪回來，但要確定沒有又過頭了。我一直看到很多人會犯這種錯：他們會過度修正。那麼，請你行動，取消所有會議，讓團隊和其他領導者做決策，但你也不可完全抽身。你不用划船，甚至不用掌舵，你只需要確定整艘船往對的方向前進就好。」

接下來幾個星期，執行長調整了自己的掌控度。我有好幾次都必須制止他，讓他放輕鬆，擺脫想要全部自己動手做的傾向。而他也很自制，他的下屬領導團隊（以及團隊其他人）很快就有了變化。幾個星期內，他們的態度一百八十度大轉變。團隊中每一個層級的領導幹部都開始領導、開始承擔責任。進度加速，團隊趕上了發表新產品的目標。

Chapter 3

堅決果斷，但不可霸道專橫

萊夫・巴賓

2006
伊拉克拉馬迪南區
South Ramadi, Iraq

亮橘色的曳光彈在我們頭上幾呎之處畫出像雷射一般的光束，每一顆超音速的子彈呼嘯而過，都引發了如雷的轟轟聲。

真要命，我們快速在屋頂牆邊蹲下，我想著，對我們開火的是友軍。

我查看蹲在附近的戴夫・柏克（Dave Berke）的情況。我們跟其他同在屋頂的海豹弟兄一樣，都盡量蹲低，以防頭部被射中。

戴夫回看了我，搖搖頭，笑容裡混合了幽默與憂心。

「這太不酷了。」戴夫說；用這句話來說那一年，也太輕描淡寫了。

戴夫・柏克官拜美國海軍陸戰隊少校。他是戰鬥機飛行員，曾在傳奇的美國海軍戰鬥機武器學校（U.S. Navy Fighter Weapons School）、也就是一般所熟知的捍衛戰士（TOPGUN）擔任首席教官。戴夫離開機艙後，自願在地面任務服勤擔任前進空中管制員（forward air controller），來到伊拉克最危險的地區：拉馬迪。他領導附屬於美國海軍陸戰隊第五海空火力聯絡連（Air-Naval Gunfire Liaison Company）的支援武器聯絡小隊（Supporting Arms Liaison Team，簡稱ＳＡＬＴ）。戴夫和他第六聯絡小隊的十二名陸戰隊弟兄搭配第三排，在空中支援本項行動的飛機協調。他們和我們徒步巡察，走在美國陸軍和伊拉克陸軍部隊前面擔任行動先鋒。

約一百八十公尺外的一輛美國坦克，用重型機槍直接對著我們的位置猛烈開火。用美軍的術語來講，這叫友軍開火、自己人打自己人。在敵方砲火之下戰死或重傷是一回事，被美軍自家兵力誤殺又是另一回事，而且更糟糕。

距離太近、太可怕了，我先盡量蹲低在僅有的低矮水泥牆屏障後方，幾秒鐘後心裡才這麼想著。我們必須馬上阻止這種情況，警告坦克我們是友軍。要做到這一點，我必須直接透過無線電聯繫特定的坦克指揮官，要他們「停火」。

坦克上的重型機槍是點五〇口徑的Ｍ２布朗寧（M2 Browning），又稱「老乾媽」（Ma

Deuce），威力可大了。美軍自一九三三年起就使用這種機槍，自此之後，每一場美國參與的戰事都證明了這種武器效能絕佳。一發大型的子彈，就可以把一個人的頭乾淨俐落地打下來，或是在人的胸口上打個大洞。子彈也可以穿過水泥牆，比方說我們躲著的這種牆面。我們剛剛遭受的是全自動的射擊，幾秒鐘之內很可能就發射了十二發子彈，如果我不馬上阻止這場攻擊並讓坦克知道我們是友軍，很可能會有很多人遭受重創與死亡。

幾分鐘前，我和海豹部隊第三排幾位弟兄就站在一棟位在敵營深處的伊拉克房舍樓頂。戴夫站在我身邊，和在空中迴旋的美國空軍AC-130U「幽靈式」（Spooky）武裝直升機聯繫，在夜空中，他們能從幾百公尺外就展現強大的火力與非凡的監視能力。我們是此一動盪地區的第一批美軍地面部隊，幾個小時前徒步進行夜間巡察，設置了狙擊手監看位置，欲干擾敵軍的攻擊、但又不能影響到本次行動的主力：由第一裝甲師第三十七裝甲團第一營的大盜任務小組領軍，約有五十輛美軍坦克與裝甲車以及近千名美國與伊拉克部隊。我們海豹部隊的狙擊手搭配機槍與警戒小組，設置了射擊位置。戴夫和他的陸戰隊無線電通訊員也和我們一起在屋頂上，轉播天上的幽靈式武裝直升機傳來的最新狀況。

我們看著一大群M1A2艾布蘭主戰坦克與M2布雷利戰車等美軍裝甲車往我們這裡挺進，穿過運河上的鐵橋，沿著道路朝我們所在的村莊駛來。為了讓狙擊手有清楚的視野，我們拆彈小組的技術人員與海豹部隊爆破人員設置了炸彈，炸倒了幾棵棕櫚樹。我們大張旗鼓警示大盜小隊（該營以及各旅、各排）我方狙擊手確切監看的位置，要他們別把我們誤認成敵軍。我們也用之前約好的信號裝置標示我們的位置。但是我之前沒有想到用爆破的方式弄倒樹對我們來說是很危險的事。

為了從控制拉馬迪的可怕敵人手裡奪回這座城市，我們制訂一套「掌握、清空、守住、建造」（Seize, Clear, Hold, Build）的策略，這是一項具有歷史意義的大型任務，本次行動則是第一批行動中的其中一項。我們周密規劃了好幾個星期，檢視每一項我們想得到的現實中會有的可能性。戰火猛烈在預料之中，也想到美軍會有嚴重傷亡。負責操作坦克的陸軍弟兄已經繃緊神經，他們知道攻入敵方時會受到攻擊。各關鍵領導幹部都已經聽取過簡報，知道我們打算在哪一棟建築物設置監看位置，但訊息不見得會傳到前線的前導部隊。而且，就算前線部隊也知道這項資訊，但要他們理解這個地方對應到戰事地圖上的哪一個點、然後把這項資訊和地面行動實際看到的街道和建築連起來，就算在最理想的狀況下，也是一件不容易的事。喬可和陸軍營一起在橋對岸的美軍站點，我用無線電呼叫他，一起執行「可控爆破」：這是我們自己進行的一次非戰鬥性炸彈爆破。陸軍營透過無線電確認他們知道了，但是，同樣的，這也並不保證訊息會傳到坦克部隊或是他們能完全理解這代表什麼意義。坦克部隊自有挑戰和風險要面對：路上埋設大量的土製炸彈，加上敵軍的機槍以及 RPG-7 火箭，均造成嚴重威脅。

當我們的可控爆破行動粉碎了寧靜，燃起的火花隨即照亮的夜空，一定有某一位艾布蘭坦克的指揮官把這當成是敵軍攻擊。他看到我們屋頂上的身影，把我們當成敵軍槍手，於是他用他的重型機槍開火，照亮了我們。我們之前都還輕鬆地從屋頂牆邊監看，看著裝甲車轉動履帶朝我們這邊駛來，忽然之間，一發發的點五〇口徑子彈就劃過我們頭頂。我們全都躲進天台，尋找掩護。

我急著摸索裝備要找無線電，一分一秒都非常重要。

我們通常的無線電溝通程序是由我直接呼叫喬可，他再把訊息傳給他旁邊的營上人員，然後傳給各自的連，然後再傳到坦克所屬的排上單位。但現在沒有時間這樣做了，每一分每一秒都事關重大。我需要立刻直接和坦克對話，要不然的話，接下來的點五〇口徑機槍子彈砲轟可能會把我們炸成蜂窩；雖然點五〇口徑的子彈總比坦克主砲的一百二十釐米滑膛炮好一點，但恐怕接下來就是這個了。

很快地，我把無線電頻道轉到坦克連隊的網路，然後發話。「停火，停火，」我說，「你們正在對友軍射擊。」

對方確認接收到無線電訊息，射擊停止。

真是千鈞一髮，我心想。我不憤怒，比較讓我擔心的反而是我發現的事實：儘管我們做了這麼多事去降低自家人打自家人的風險，但還是很容易發生友軍開火這類情事。

有能力將無線電調整到不同網路，直接和正在攻擊我們的坦克對話，很可能救了我們一命。這是一項對達成任務來說很重要的技能，我幾乎在每一次戰鬥行動中都會用上，第三排與布魯瑟任務小組的其他領導幹部也是。然而，剛以海豹隊員的身分抵達拉馬迪時，我們都不懂美國陸軍和陸戰隊的無線電網路，也無法透過無線電和他們直接溝通。

各海豹小隊和美國陸軍與陸戰隊弟兄有著不同的文化、不同的戰術和不同的裝備，無線電通訊設備的差異最是明顯。他們使用的是完全不同的系統。為了讓我們能和他們對話，我們需要學習如何使用他們的系統。一般來說，海豹部隊的排裡有通訊專家無線電通訊兵，替排裡每個人設定無線電並排除任何障礙。只要事涉無線電，我們就會跑去找部隊裡的無線電通訊員。之前的部署行動中，如果無線電出問題，就從裝備裡把無線電裝置拿出來，丟給無線電通訊員修理或換一台新的。此外，領導者也仰賴無線電通訊員，把所有訊息傳回戰術作業中心以及海豹小隊或排上以外的其他單位。但在拉馬迪，我們通常再細分為更小的小隊，沒有這麼多海豹無線電通訊員配額。你很可能發現，編制上的海豹無線電通訊員分在不同的小組或小隊，或是人根本就在另一棟大樓或參與完全不同的行動，此時你就必須成為組裡的無線電通訊員。

喬可身為任務小組的指揮官，他當兵時自己也是海豹部隊裡的無線電通訊員，他很清楚布魯瑟小隊的每一位成員都要懂我們的無線電。他知道我們每一個人都要學習如何設定無線電，這樣一來，陷入困局時，才能做到每一個人都有辦法和聯手作戰的陸軍與陸戰隊直接通話。這是能在戰場上救命的重要技能。

「每個人都一定要確認知道如何設定你的無線電。」喬可在早期簡報中就在第三排任務規劃會議室裡這樣下令。即使是在海豹部隊這種環境，喬可也算是高大威猛、看似無情且讓人畏懼的人，你可能會認為，不管喬可說什麼，我們都會照做，就算不是怕他的嚴苛，也會尊敬他的領導和經驗。

然而，我們並沒學會如何設定無線電，至少大部分的人都不會。這不是因為我們認為不重要或是不想尊重喬可，不是的，而是我們要擔負的任務太多，行程已經很忙亂了，卻總是會出現其他更急迫問題。喬可要我們學會設定無線電的命令，就這樣被挪到後面去了。我們多數人都找不出時間去學。

就在喬可命令我們學習設定無線電的幾天後，布魯瑟小隊整合出一項計畫，取得核可發動夜襲，可追捕或處決躲在一處伊拉克叛亂恐怖份子巢穴中的幾名領導者；美國和伊拉克部隊在拉馬迪區遭受的多次嚴重攻擊，罪魁禍首就是他們。這次由第三排領軍，提出了一套計畫。我們在每次行動之前都會做的任務簡報，稱之為「作戰命令」（operation order，簡稱 OPORD），這次我們同樣也召集部隊。關鍵領導幹部站了出來，針對他們在計畫中的決策做簡報。我們徹底討論細節，並回答任何的問題。

總結作戰命令時，喬可起身，提出一些最終的策略性建議。最後，他問了一個問題，當場就逮到我們了。

「誰知道如何設定自己的無線電嗎？」喬可問。大家一片茫然，但誰都沒有勇氣說出口。

「沒人。」我心想，「我們沒有時間。我們找不出時間。」

但喬可不用親耳聽到也知道答案是什麼，毫無疑問，他從空白的眼神和沒人回應當中就看出端倪，知道會議室內這些即將要發動本次戰鬥行動的海豹隊員多數都不知道如何自行設定無線電。喬可看著一名海豹隊員，他是排裡新來的弟兄，我們都叫他「畢夫」（Biff），那是電影《回到未來》（*Back to the Future*）裡的角色。

「畢夫，讓我看看你的無線電。」喬可直接說了。畢夫很快遵命，從耳機上拔下接頭，鬆開緊扣的扣件，把無線電從他的裝備上拔下來，交給喬可。無線電視上有一個功能會清除記憶，之後必須重新設定。喬可清除了無線電，還給畢夫。

「重新設定。」喬克下令。

畢夫乾瞪眼，他不知道如何重新設定無線電。當下的處境叫人不安：他在海豹部隊整排以及任務小組所有弟兄面前被點到名，卻無力遵循喬可的命令。但不是只有他這樣，我們大部分的人也都和他同病相憐。

喬可沒生氣。他知道會議室裡很多人之所以沒有去學如何設定無線電並不是故意抗命，而是因為我們並未完全理解這有多重要，我們不懂其中的嚴重性，所以就沒有挪出時間去學。但喬可不妥協，他就是不放手。喬可守住底線，落實標準。喬可知道，當我們以小單位編制進入戰場，得不到協助或支援，必須要能自行操作無線電。在釋出指揮權之下，非常重要的是每一層級的領導幹部都要能自立自強，準備就緒挺身而出，並執行行動以完成任務。

他轉身對第三排的資深海豹無線電人員說：「教會畢夫設定他的無線電。」至於排上我們這些其他人，喬可又說：「其他人也要確認知道如何設定自己的無線電，這可以救你一命。如果到下一次任務時還不會，你就不要出任務。」

在執行下一次的作戰任務之前，排裡的每一個人、布魯瑟任務小組裡的每一個人都知道怎麼設定無線電了，我們都練習過很多次。我們的老大點名所有人，說清楚他期待每個人都要完全遵守他的命令，沒有例外。

對領導者來說，要知道何時要守住底線、又要守在哪裡，通常都很辛苦。海豹部隊跟任何組織一樣，**不斷對團隊下馬威，因為小問題就破口大罵的領導者得到的是鄙視，而非尊重。**這種領導者成效不彰，重要時刻少有人願意追隨他們。**領導者不可傲慢自大，但事關安全、任務成敗以及團隊的長期利益時，則不可隨便放過。**

如果喬可沒有點名，要我們證明自己可以設定無線電，我們絕對不會去學。我們在這方面的無能，很可能要以犧牲人命為代價，當然我也無法具備充分的能力，在美國陸軍和陸戰隊的營、排網路中和他們直接對話。如果喬可沒有這樣要求，他真的有在關心任務小組裡的海豹隊員嗎？答案大概是否。但喬可理解照顧部屬代表要關心他們自身與策略性任務的長遠利益，有些標準就是不容妥協。

之後，布魯瑟任務小組裡的每一個人都能設定並善用自己的個人無線電。我們雖非專業無線電人員，但也練習使用無線電通訊員背負的大型無線電，以防需要用到；這種事常有。當其他海豹隊員探訪拉馬迪營區，加入我們這一排與任務小組成為作戰行動中的隨隊人員，亦即我們俗稱的「背帶架」（strap hanger），我們會教他的前幾件事之一，就是如何設定自己的無線電以及如何與美國陸軍和陸戰隊的單位直接對話。喬可堅守這條規矩。也因此，我們都能做好準備以因應戰場上的現實，得以降低風險，並以最有效的行動達成任務。

當我思考喬可在確保落實標準中展現的領導者責任時，想到的是我在自己的職涯中很多次都沒做到。身為年輕的領導者，有很多次我都知道我們必須提升績效，應該要去射擊屋（kill house）多進行一次徹底的演練（我們在射擊屋裡演練近身戰鬥），或是多加一次演習以確認我們做足了準備。但這些時候我不見得都有守住底線，我沒有使出足夠的力道敦促團隊。指派團隊額外多做一件事，一定會遭到反撲並引發抱怨。有很多次我就這麼放手了，把「照顧部屬」和容許他們不努力這兩件事混在一起。然而，也因為這樣，我們只能展現差強人意的表現。團隊總是無法更好，無法讓每個人都負起責任。這是失敗的領導，是我的領導。

我也看到當中的二元性：有時候我傲慢自大，堅持要用特定方法做事，因為那就是我的方法，有時候我會反覆叨念策略上完全不重要的小事，自以為在堅守底線、做正確之事。這引發了不必要的摩擦、壓制了成長，也抑制了團隊裡的資淺領導者挺身而出的機會。這讓我們無法在有效釋出指揮權之下適當運作。

在我的軍旅生涯中，我看過很多傲慢專橫的領導者，也曾在他們手下效命，這不是我想要的領導風格。他們有些人施行嚴厲的懲罰，對著部屬大吼大叫，毀了團隊的士氣。沒有人想追隨這種人。他們或許可以完成眼前的任務，但長遠來說，團隊會受到壓制難以成長。通常，他們是我心中鮮明突出的負面範例：我絕對不要成為這種領導者。

但是，也有些時候，領導者必須給團隊一些空間，讓他們去機動調度。二〇〇五年我們剛成立布魯瑟小隊並開始培訓，那時就已經下定決心要前進伊拉克，進行戰鬥。我們知道要跟許多美國陸軍和陸戰隊弟兄合作，包括步兵、裝甲部隊和空中單位。他們針對制服和戰鬥服裝訂下了嚴格的標準，陸軍要配戴單位軍章和美國國旗，陸戰隊要別上美國國旗和代表陸戰隊的老鷹、地球儀和錨三合一圖樣徽章。但在海豹部隊，我們的隊員大致上是高興配什麼就配什麼，通常這樣會導致不同的制服和裝備混在一起。早期在越南的海豹部隊，在作戰行動中穿著牛仔褲和民間的「獵鴨裝」當作偽裝，很多海豹隊員延續著「非制式」穿著的傳統。除了制服風格讓我們不同於其他軍事單位之外，很多海豹隊員會搭配我們的服裝客製化自黏徽章。海豹部隊每一排都會自行設計標誌，也有專門為排上製作的徽章。以布魯瑟任務小組來說，第四排就設計了「骷髏蛙」，構圖是代表「四」的三角形希臘字母「Δ」以及青蛙骨架。第三排則借用凱迪拉克（Cadillac）的汽車標誌，把裡面換成「3」和「C」，用來代表「海豹三隊」以及「第三排（英文字母C代表第三）」。除了單位徽章之外，我們也有人配戴其他的徽章，比方說傳統的第一面美國海軍船首旗（飄揚在美國海軍艦艇船首上的旗幟），有十三條條紋、一條響尾蛇以及「少惹我」（Don't Tread on Me）的字樣，改編自美國革命的加茲登旗（Gadsden flag）。海豹部隊會用他們認為很酷的標誌，或是覺得很有趣的一句話或是電影對白，自行設計徽章。我們啟動布魯瑟任務小組的訓練時，有一個很流行的徽章是「樂趣量表」（Fun Meter），量表中的指針淹沒在一片紅裡，意味著「樂趣量表已經停了」。幾個海豹隊員別了一個徽章，寫著「多來點牛鈴」（More Cowbell），靈感來源是熱門的《週末夜現場》（*Saturday Night Live*）節目中威爾．

法洛（Will Ferrell）以藍牡蠣樂團（Blue Oyster Cult）為對象編製的喜劇小品。也有其他更不專業、更粗魯的徽章。

我知道這些徽章很不專業，我也知道有些還很惹人厭，身為排指揮官，我或許應該命令屬下丟掉他們的徽章。但我也認為這些東西很有趣，也完全沒想到像徽章這種簡單的東西，會在我們偕同陸軍以及陸戰隊進行部署時造成問題。我相信，禁止這些徽章有損士氣，讓我們看起來過度嚴肅，所以我就睜一隻眼閉一隻眼。

喬可明白，會有人覺得這些徽章粗魯不專業，甚至會推演出原本脈絡之外的意義，這些人很可能會覺得被冒犯，這會引發摩擦，很可能變成嚴重的問題。喬可並不是什麼堅守美德的天使，我知道他也覺得很多徽章很好玩，但他同樣知道如果這些徽章會給我們帶來麻煩，那就不值得冒險。那很可能有損我們任務小組中選去伊拉克部署的機會。就算我們得償所願，真的去了伊拉克部署，和我們合作的美國陸軍和陸戰隊單位一開始可能會以外表來評斷我們。整齊的制服讓他們驕傲，被他們當成紀律嚴明的證明。我們配戴隨興、不專業的徽章，就會留給陸軍和陸戰隊對布魯瑟任務小組不太好的第一印象。喬可知道這很重要，他毫不遲疑就丟掉了這些徽章。

「丟掉徽章。」他對我說。我說我會做到。

之後，他對布魯瑟任務小組全體人員說明這件事。

喬可宣布：「布魯瑟任務小組不准再有徽章。很多人配戴的徽章都很不專業，我懂這些東西很有趣，但有趣的徽章無法幫助我們和未來要共事的傳統部位建立起強健的關係，反而會妨礙我們在陸軍與陸戰隊主戰場上的能力，阻礙我們努力去貼近與摧毀敵人。」

「不准戴徽章。」他重複，「全部不准，大家都明白了嗎？」唯一的例外，是我們獲得授權配戴的標準美國國旗徽章。喬可的資深士官顧問、我們的任務小組資深主管，保證會執行老大的命令，絕無例外。

「收到。」我們確認，這是軍方術語，用來表示「懂了」。這件事讓任務小組（尤其是第三排）很不高興，但是大家都明白，也會遵守。新規矩訂下來，新的界線也畫出來了，所有徽章都要消失。

幾個月過去，布魯瑟任務小組獲選前往伊拉克部署。我私下認為布魯瑟任務小組是承載著歷史意義的小隊，注定要在戰場上有一些作為，我們需要正式的小隊徽。某天放假時，我們出去潛水，難得遠離喬可，我和摯友第四排指揮官賽斯．史東談到這件事。

「兄弟，我們布魯瑟任務小組需要小隊徽，」我說，「我知道喬可說不能再配戴徽章，但我想我們可以設計一個，讓大家都戴一樣的。」

「同意。」賽斯回答。我們都敬愛喬可，也尊敬他的領導。不管大小事，我們很少和他意見相左。但我們知道，小隊徽對於小隊向心力來說很重要，我們也知道惹惱人的徽章和能代表任務小組標誌的小隊徽，是兩回事。

「我們私底下做，」我說，「別讓喬可看到。」

「就動手做吧。」賽斯同意。

之後，回到我家，我和賽斯設計了兩款不同的徽章，要每位弟兄掛在肩上。兩種徽章都是圓形土色，上面印有「布魯瑟任務小組」（Task Unit Bruiser）字樣。賽斯在其中一個徽章上加上牛角彎曲的牛頭作為裝飾，下方寫著「牛仔鎮大人物」（Big Balls in Cowtown）。我和賽斯都來自德州，也都是鮑勃·威爾斯和德州花花公子（Bob Wills and His Texas Playboys）樂團西部經典鄉村歌曲〈牛仔鎮大人物〉的歌迷。在我們剛收到消息即將前去拉馬迪部署的此時，這句俏皮話再貼切也不過了。我設計了另一個徽章，主圖是電影《迷霧追魂手》（*Mad Max*）續集《衝鋒飛車隊》（*The Road Warrior*）裡末世反派份子首領：威猛勇武的修曼格斯大人（Lord Humungus），他戴著曲棍球面罩，揮舞著大口徑的手槍。在徽章下方，我用了電影裡給修曼格斯大人取的稱號「搖滾界的阿亞圖拉」（The Ayatollahs of Rock N Rolla）。

我們再過幾個星期就要去部署，因此我快快找了一家店縫製我們設計的徽章，並且在背後加上必要的魔鬼沾，可以讓我們快速黏上戰鬥制服並取下。徽章在我們前往伊拉克幾天前送到，我把尚未開啟的箱子丟進我其中一個背包，把背包堆在貨板上，登上要載我們遠赴海外的飛機。等到了拉馬迪，我在喬可不知情的情況下悄悄把箱子拿走，並把賽斯拉到一旁。我們打開箱子，拿出夠分給各排弟兄的徽章。我們悄悄地把徽章發給布魯瑟任務小組每個人，跳過喬可以及他直轄的總部人員。

在基地或是在喬可以及他的資深士官顧問視線範圍內的作戰行動中，大家都只會配戴標準美國國旗徽章，不會有其他東西，但是，第三排和第四排的每位海豹隊員，以及我們的拆彈小組技師，都把徽章藏在作戰制服肩上的外口袋裡。如果我們執行行動時由喬可留守戰術作業中心，只要悍馬車隊一離開基地，我們就會從跨隊無線電呼叫：「戴上徽章。」每一位隊員就會從口袋裡拿出布魯瑟小隊徽，貼上制服外面的魔鬼沾上。我們就這樣做好準備，要以布魯瑟任務小組的身分去作戰，貼近並摧毀敵人。

然而，就像任何公然抗命一樣，我們被逮到只是早晚而已。注定被抓包的日子，就是布魯瑟任務小組參與某項第一批大型任務的那天。我們合作的美國陸軍單位有一位民間隨軍記者，他拍下了一些布魯瑟任務小組實際行動時的照片，照片傳給更高階的陸軍總部人員，最後喬可和他的資深士官顧問也看到了。照片中，幾位海豹隊員肩上的布魯瑟任務小組隊徽清楚可見。

資深士官顧問把這件事講開，準備拿我們開刀。他是恪盡職守，執行喬可的命令。我預期會感受到喬可的怒意，我是違法犯紀的主事者，我打算接受最嚴厲的處分。

但那天就這樣過去了，第二天又過去了。喬可隻字未提，我很訝異。喬可知道我們違反了他的命令，而且是故意違反。但是，這一次，喬可沒有堅守底線，執行他設下的規矩。他放手了。

我在想他為什麼不來找我講，想著想著，就愈來愈明白他的理由何在，之後，當我們完成部署行動要返國時，他確認了我的想法。喬可認同小隊徽強化了我們的向心力，那是一種驕傲的來源。他也知道我們已經把其他徽章都丟了，他沒看到任何人配戴任何在國內時那種會冒犯別人或看來很不專業的徽章；反之，每個人都掛著整齊劃一的布魯瑟小隊徽，齊一的土色和我們的制服很搭。他知道如果我們把這些徽章藏起來不讓他看到，也會不讓基地裡的其他美軍單位看到。

喬可從來沒有說我們佩戴這些徽章沒問題，但是他通融我們。這些徽章很獨特，也貼合我們在戰場上的聲譽，不僅不會讓我們和陸軍以及陸戰隊漸行漸遠，反而能在他們心裡強化我們是一支有向心力隊伍的印象。在部署行動結束時，我們把幾個布魯瑟隊徽送給與我們密切合作的陸軍和陸戰隊重要領導幹部，包括負責整個旅級戰鬥團的美國陸軍上校。

看到喬可堅守底線、落實規範，確保我們學會設定無線電，但在我們配戴徽章這件事上又留了一點通融空間，這是強而有力的平衡二元性範例。有時候，要堅守立場執行規定；有時候，則要留餘地通融行事。領導者要能讓團隊發揮最大成效，找到平衡非常重要。

法則

領導者一方面不可過於寬鬆，但從另一方面來說，也不可霸道專橫。他們必須設下高標準，帶動團隊達標，但也不可在策略重要性甚微的議題上作威作福或毫不容情。要在這個面向上找到平衡，領導者必須謹慎評估何時、何地應堅守底線，何時又可以有一些空間。他們必須判斷何時要聽下屬領導者的話、容許他們負責，針對他們的憂心與需求做出調整。

有人發明了「領導資本」（leadership capital）一詞，藉以理解領導者為了在這方面的二元性上求得平衡所必須做的審慎分析。領導資本是體認到任何領導者握有的權力都是有限的，為了瑣碎無奇、不具策略重要性議題大呼小叫的領導者，愚蠢地耗費了自身的領導資本。要累積領導資本，得展現領導者念茲在茲的是團隊與任務的長期利益，並與團隊培養出信任和信心，由此慢慢累積而成。把標準不容妥協的面向列為優先要務，在這些地方堅守底線，其他比較不重要的地方則容許寬鬆一些，是善用領導資本的好方法。

就像《主管這樣帶人就對了》第八章〈釋出指揮權〉裡寫到的，領導者最重要的就是要向團隊解釋「為什麼」。當領導者必須堅守底線、落實規範時，更是務必要說明為什麼這件事很重要？為什麼這有助於完成使命？以及做不到的後果是什麼。絕對不可以用「因為我說了算」這種態度來做事，這會引發更大的反彈，也更難讓團隊做到你想落實的標準。

身為領導者，你要平衡的二元性是：**在重要之處果斷堅決，但不可霸道專橫；對於團隊以及策略性任務整體益處重要性微乎其微的議題，絕對不可不容動搖、不准妥協。**

業界應用

「我讀了很多巴頓的書。」公司的執行副總語帶驕傲地說，他指的是喬治・巴頓將軍（General George S. Patton Jr），這位名震天下的美國將軍二次大戰時功勳彪炳，成為傳奇。「我很愛你在簡報中提到巴頓將軍的部分，我就希望這裡成為巴頓將軍期待的那種紀律嚴明的組織。我們需要能執行命令、而不是質疑命令的員工。」

我馬上就知道這位執行副總之前未曾從軍，他顯然誤解了軍隊裡高效領導者統御團隊的方法；他們可不是透過嚴格的權威，老是嚷著：就給我去做，因為我說了算，不然你就慘了。當然，軍隊裡確實有些人用這種態度領導，但向來成效不彰。

我和這位執行副總一起找一間會議室坐下來，想更了解他這個人以及他在公司裡的角色。前線部隊公司在替業界做領導發展與調教方案（Leadership Development and Alignment Program）評估時，這樣的一對一會談不可或缺，這麼做才能理解組織內部各領導者、部門、團隊與策略的真實挑戰與摩擦。對前線部隊團隊來說，這是很重要的情報，我們要憑此才能量身打造領導方案，因應特定挑戰並執行領導解決方案以化解問題。

這位執行副總任職的公司在品質和服務上都有悠久的歷史，但近期公司的高階主管團隊擴大營業，跨出公司傳統的地區聚焦傳統市場領域。這家公司之前仰賴第一線領導幹部的豐富經驗與在職訓練推動業務，如今為了順利擴張，規劃了標準作業流程，想讓團隊所有成員以及各個分部都在同樣的狀態下運作。

我做開場簡報時，執行副總全程坐在台下。在簡報後的問答時段中，我提到了巴頓將軍，顯然讓執行副總心有戚戚焉。

「紀律就是自由。」執行副總引用了喬可的座右銘，我們在訓練課程中也談過這一點。「我一直都很努力要把紀律灌輸到團隊，我們需要更多紀律。」

「在哪些方面？」我提問，想要更深入了解。

「手機。」執行副總宣稱，「我們每次開會時都讓我受不了，總是有人會講電話。我人在會議室的前面，正要開口講重要資訊，但總會看到有人用電話回電子郵件，或是有人在我正傳達重要訊息時走出會議室接電話。」

「就連執行長主持會議時他們也這樣。」執行副總補充，對這種行為難以置信。

「這真的會讓人很喪氣。」我回答，「我們在前線部隊公司工作時一天到晚看到這種事。但是，從公司的利益來說，顯然有很多重要事務有需要馬上處理。」

「在我主持的會議上不會有這種事。」執行副總驕傲地說，「我已經對我手下的每位部門主管與幹部說清楚：無論什麼理由，在我主持的會議上都不准用手機。」

「你如何做到這一點。」我問道。

「簡單，」執行副總說，「每次開會前，我會要求他們從口袋裡掏出手機，並且把手機關機。之後，他們必須拿出手機給我看真的關掉了。除非我看到每個人都照做了，不然我不會開始開會。」

執行副總很得意，顯然對於自己在這件事上能堅守底線、毫不妥協並對團隊落實嚴格的標準深感自豪。

「團隊對於這項作法有什麼反應？」我問。

「他們會發牢騷，那是當然的。」他回答，「但我要堅持下去，就像巴頓將軍一樣。」

「這些會議很重要嗎？」我問。

「對，很重要。」執行副總堅稱，「我會提出每個人都應遵守的標準化程序。執行長指示策略方針，由我負責執行，不管大家有多抗拒都堅持到底。此外，有什麼事情那麼重要，連關機一、兩個小時把重心放在我要和他們討論的問題上都做不到？」

「嗯，我可以想出幾件更重要的事。」我說，「比方說，需要快速解決大客戶的某個急迫問題，以保住往來關係，讓公司不至於失去一份大單？或者，出現嚴重的品質問題導致客戶憤怒、媒體觀感不佳，可能影響到市場的成長？又或者，發生引發傷亡的嚴重工安事件？」

執行副總點點頭，同意以上幾件事都比他的會議重要。「聽我說，」他說，「我很盡力對團隊落實紀律，就像巴頓將軍一樣，這也就是你和喬可一直在講的。如果我們在小事上紀律嚴明，這種態度不會轉化成嚴肅對待大事嗎？」

「就算是小事，紀律也很重要。」我說，「但身為領導者，你需要更謹慎平衡這兩股相反力量的二元性：了解何時要堅定、何時又要有彈性。你要謹慎設定優先順序，知道哪些地方需要堅守底線、落實規範。」

「我確定你以前聽過『領導資本』一詞，」我繼續說，「身為領導者，你能夠施展的權威是有限的，你需要明智地選擇用在哪裡。以我看來，你把很多的領導資本花在手機這件事上，但用在其他地方可能更好。」

「你提到有人抗拒新的標準作業程序，」我說起，「你能否多談一點？」

「我遭遇到很多人反對，」他坦承，「我們有很多領導者有自己做事的方法，他們不想改變。」

「嗯，這是正常人會有的反應。」我說，「人會希望用自己慣用的方法做事。你的責任，是幫助他們理解為何需要改變，他們為何需要落實新的標準作業程序。如果他們理解這會為他們自己帶來哪些好處、為團隊帶來哪些好處，以及為整體使命帶來哪些好處，就比較有可能擁抱變革。」

「為什麼責任在我？」執行副總問道，「那是他們的問題，他們需要做好準備。我一而再、再而三地對他們說明為何我們需要這麼做，說實話，我已經厭倦要對他們解釋了。我們只需要開始堅守底線並落實規定：執行新的程序，要不然就看著辦。」

就我看來，情況很清楚了，執行副總的態度，正是讓公司多數領導者反彈、拒絕執行標準化新程序的主要理由。他不明智地將自己的領導資本花在執行開會時「不准用手機」的政策上，策略上反而全無作用。在此同時，他的領導資本所剩無幾，難以落實新的標準化程序，但後者對於公司的成本有極大的策略性影響。

「你讀軍事史是好事，」我說，「但我想你可能誤解了領導如何真正在軍隊中運作。你在電影和電視上看到軍人盲目服從命令的畫面，並不是真的。軍人不是不用心思服從命令的機器人，完全不管結果會怎樣。他們是會思考的人，需要明白做事的理由。」

「但你們在軍隊裡不用服從軍令嗎？」

「即便在軍隊，如果你下達別人不同意或不相信的命令，團隊死亡或重傷的風險很高，你認為你不會遭遇任何反彈嗎？」我問，「團隊當然會有意見，他們甚至會抗命或拒絕執行，就算這麼做要上軍事法庭也一樣。

「最出色的軍方領導人，」我繼續說，「就和最出色的商業領導人一樣，都會花時間解釋『為什麼』，讓團隊能理解。他們不會強逼下屬什麼都吞下去。還有，他們也不會費盡心力處理小事。這樣一來，當他們在解釋重要大事時，部隊才不會忽視不理，而且，部隊也更願意執行領導者所下的命令。」

執行副總點頭，開始懂了若要讓團隊準備就緒採用新的標準化流程，他需要調整戰術。

「以公司的策略重要性來說，」我問執行副總，「你的下屬領導者開會時不碰手機比較重要，還是他們做好準備採用新的標準化流程、並在團隊裡落實比較重要？」

「當然是標準化流程。」執行副總承認，「領導者落實新流程在策略上重要多了。」

「收到。」我說，「那你要更仔細衡量如何運用你的領導資本，不要浪費在『不准用手機』這件事上，那有損於你執行要事的能力。」

「這也是一種二元性。」我說明，「你不能任每個人在開重要會議時電話講個不停，因此，你要說清楚，可以用手機，但僅限於最重要的事項。」

「那不會讓我看來很軟弱嗎？」執行副總問。我猜得到，他大概又想到巴頓將軍了。

「事實上，」我說，「這會讓你看起來更強大。這顯示出你理解策略上的優先性，要在哪裡守住底線、哪裡又可以放出彈性，讓你們的領導者有空間。這會提高你在部門領導者心中的領導資本，你還要仰賴他們落實新的程序。」

現在，執行副總開始理解他要小心評估，要知道何時、何地堅守標準，哪裡又可以放手。他開始明白身為領導者的他不是光說「照我說的做，不然就有你好受」就好了，而是要清楚說明。更重要的是，他現在開始理解平衡二元性的價值，要果斷堅決，但又不可霸道專橫。

Chapter 4

有時要輔導，有時要開除

喬可．威林克

2006
拉馬迪東部馬拉布地區 The Malaab District, East Ramadi

我聽到遠方傳來槍聲。這不是有效的火力攻擊，我們身邊都沒有任何地方中彈。然而，這提醒了我們隨時可能都會發現自己陷入大麻煩，處處有威脅，踏出的每一步都很可能觸動土製炸彈，每一扇窗戶後面都可能埋伏著狙擊手，就連天空，都可能隨時降下致命的迫擊炮火。

這些威脅，光是想到其中的危險性，就叫人害怕。但是，當我們在巡察時，恐懼不是重點，我們的焦點是要把此時此刻的工作做好，比方說掩護角落、快步衝刺跑過街，在門口或窗邊警戒、檢查射擊範圍，和前、後方的海豹弟兄保持視線接觸，步行時注意建築物與街道動向、留意你在戰場上的位置，收聽耳旁的無線電接收友軍位置以及可疑敵軍的動向，同時也要聽街道上和周邊有哪些威脅。

有這麼多事要做，心裡容不下太多恐懼，也沒有時間去想。但是，巡察時，偶爾我會出神，不只看到周邊的環境，也會注意我的隊友。這些時候，我們的布魯瑟任務小組海豹隊員變成一幅美麗的風景，一個團隊彷彿自有生命，自動運作了起來。一把槍因為注意到威脅而移動方向，另一把槍就補上來了；一個人進入了某個危險區，他的射擊夥伴就會掩護他。行動時不需口語溝通，沒有交談也沒有無線電呼叫，只靠輕輕的點頭、武器所指的方向、偶爾的手勢以及大家都充分理解的肢體語言，用其他人幾乎無法察覺的方法指引全隊。

我非常榮幸能成為其中一員。我們齊心協力合作順利，行動時大家的想法好像都如出一轍。我完全信任、相信任務小組裡每一個人的技能與能力。

但我們不是一直都這樣。我們二〇〇六年春天前往拉馬迪展開部署，在這之前，我們經歷了十二個月的艱苦訓練，很努力才達到這種程度的團隊合作。雖然我們有相同的基礎，都通過了名為基礎水下爆破訓練班（Basic Underwater Demolition/SEAL Training，簡稱BUD/S）的海豹部隊基本訓練，但相似性也僅止於此。海豹隊員來自四面八方，出身於每一種你想像得到的社經環境背景，全美各地都有，涵蓋每一種種族與信念。

海豹部隊以及美國所有軍人並不如一般人所想，也不同於電視電影上常見的描寫，我們並不是機器人。即便我們都接受過不同軍事單位新兵訓練營的教化，後續的培訓、生活方式以及文化更深深灌輸到所有軍中兒女的心中，但到頭來軍人也都只是平凡人。我們各有不同的驅力和動機、獨特的幽默感，有各式各樣的背景、不同的宗教和不同的人格特質，在能力上也各有優缺點。布魯瑟小隊裡有具備各種運動能力的海豹隊員：有的像耐力型運動員，精瘦苗條；有的像是舉重選手，壯碩有力。

他們的認知能力、聰明才智亦有差別，每一個人因應壓力的方式不同，用不同的能力去處理複雜的問題。團隊成員個個不同，對任何領導者來說，要把每一位成員拉到一定的水準，讓大家都能發揮最好的一面，實是一大挑戰。要做到這一點，領導者必須把訓練、指導與輔導團隊成員當成己任，讓他們的表現達到最高標準，或者至少要符合基本要求。然而，這個目標本身也帶有二元性：**領導者必須盡力培養與提升團隊中每一位成員的表現；在此同時，當有人不具備必要能力、無法達成任務時，領導者也必須理解。當一切辦法都用盡仍無法幫助某個人做得更好，那麼，領導者就有責任開除此人，**不能讓他對團隊造成負面影響。

當然，開除團隊成員是領導者必須做的最艱難任務之一。布魯瑟任務小組是一個快速培養出團隊精神★的地方，在這裡，開除人尤其困難。常有人很好奇我們要如何培養小隊的袍澤情誼，我們學到一種最好的辦法，「簡單，但不隨便」：認真努力。在任何組織中，尤其是軍事組織，單位訓練愈嚴格，愈是敦促成員，人與人之間的關係就愈緊密。從整體軍方來說如此，在特殊任務群組中更是如此，布魯瑟任務小組也不例外。當然，我們也從生活、工作、吃喝玩樂當中建立起強韌的關係，每次行動以好幾個星期為期，幾乎是二十四小時相處在一起。但是，能讓我們成為緊密團體的最重要因素，是我們在訓練期間精益求精。我們想要成為最好的，在任何方面都不想屈居第二。因此，我們互相砥礪、堅守底線，我們也保護彼此，就像一個大家庭一樣。遺憾的是，家裡不是每一個人都有能力達到布魯瑟小隊要求的標準。

海豹部隊部署行動之前會有六個月的「鍛鍊」（workup）培訓，對心理和體能來說都是一大挑戰，對於第一次接受培訓的人（簡稱新人、菜鳥）來說尤其辛苦。實彈射擊與演習、武器操作、夜視模式巡察、重裝備、嚴寒與酷熱、睡眠不足，以上沒有哪一項是輕鬆的事，全部加在一起時，對某些人來說就太多了。

布魯瑟小隊的鍛鍊培訓方案開始後，第一階段會在南加州酷熱的沙漠裡執行陸戰訓練。當地多山多岩石、崎嶇不平，我們總是說，能在這種環境下受完陸戰訓練，就能成為「蛙人」。高壓、動態的環境，讓每個人都備受挑戰，新來的人尤其難熬。身為任務小組指揮官，我會注意辛苦掙扎的人，並監督手下兩個排的領導團隊如何處理表現不佳的成員。我看著萊夫、賽斯和他們海豹部隊排上的排長如何和達不到標準的成員互動，他們的領導方式一如我的期望：嘗試協助沒那麼傑出的人加快腳步。每一排裡都有幾個新人跟不太上，顯然無法與大家一起進步，培養出完成任務必要的技巧。

而我看到的是，排裡的各領導幹部和他們合作，認真不懈地提供諮商及教導，指派經驗更豐富的海豹隊員輔導、訓練與再訓練這些新人。我很清楚這些行動背後的理由。他們協助的新人或許都還在苦苦掙扎當中，但這些人仍是排上的一員。他們都是海豹隊員，都通過了基礎水下爆破訓練班以及海豹資格訓練（SEAL Qualification Training，簡稱SQT）。他們都是成員之一，領導幹部想要保護他們，看到他們有所成就。

幸運的是，投資在這些辛苦撐過訓練新人身上的時間，帶來了回報。每一個人都順利通過了為期數週的陸戰訓，接著進入下一個階段同樣也是好幾個星期的機動性訓練（mobility training），學習射擊、行動，以及從悍馬車上（而不是步行）進行溝通。在機動訓練課程中，我又看到某些新人很辛苦，他們在操作重型武器時犯錯，無法正確回應戰

★ 團隊精神（esprit de corps）：只存在於一群人中共有的精神，激發出熱情、奉獻與深深在乎團隊的榮譽（見《韋氏辭典》〔*Merriam-Webster dictionary*〕）。

術命令，或者在重要時刻該採取行動時卻猶豫不決。但，同樣的，我也看到排上的領導幹部以及其他經驗豐富的海豹隊員負起責任，聚集在年輕隊員身邊，堅持繼續和他們合作，加快他們的腳步。

機動性訓練之後，我和萊夫談起還在努力掙扎的海豹隊員。

「你怎麼想？」我問，「有好幾個人看來還很辛苦。」

「是的，」他回答，「但是我們會把他們帶到應有的水準。」這正是我希望聽到他說出的回答，聽到他說會保護排裡每一位隊員。畢竟，他們是他的人，他要對他們負責，他和他那一排要確認這些人能加快腳步跟上。我很欣慰聽到萊夫為部屬的表現負起責任，也相信他那一排也有能力讓每個人的表現都達標。這正是領導者應有的風範。

下一階段的訓練是近身戰鬥（close-quarters combat，簡稱ＣＱＣ），學習如何在城市環境中清空走道和房間。近身戰鬥訓練期間，各排會在讓人搞不清楚的複雜建築物裡執行動態的實彈演習，壓力更大。「實彈」，代表海豹部隊在建築物內移動以及和目標交手時使用的是致命性的子彈，距離彼此只有幾吋距離而已。多數人覺得這很有挑戰性也很有趣，但對於某些還很辛苦的海豹隊員來說，壓力大到難以承受。這個時候，萊夫第一次表現出憂心忡忡，恐怕他排裡的某個弟兄可能並不具備在這類任務實際戰鬥時需要的技能。

他來找我談這個年輕的海豹隊員，我們都叫他「洛克」（Rock），洛克是新人，剛剛從基礎水下爆破訓練班結業，他第一次加入海豹部隊就分到第三排。他還沒有完成整個訓練，而且他看來碰到一些困難了。

「他很認真，」萊夫說，「大家也都喜歡他。我們一直在幫他忙，你也看到的。但是，他在近身戰鬥訓練中比以前更辛苦，看來他這一次麻煩大了。說實話，我不確定他未來真的有能力從事部署行動，和我們一起戰鬥。」

「你這話是什麼意思？」我問，「他身材很好，而且很努力，對吧？」

我知道洛克在體能上沒問題，而且他的工作倫理很強。

「重點不在這裡，」萊夫說，「他有心、體能也很強，但是他真的有一些問題。我們帶著他通過陸戰訓練，那時候他還有一點時間可以思考。到了這個階段，當他承受壓力要在頃刻間做出決策時，他就完全撐不住了，他會驚慌失措，完全呆掉，要不然就是在屋裡做出糟糕的決定。」

我很清楚這兩種反應都不好。

海豹隊員通常把「射擊屋」稱為「屋裡」，這是一棟建築物，有複雜的房間與走廊樓面配置，裝設了彈道牆，可以進行實彈訓練與近身戰鬥的房間清空演練。屋子裡的動態戰術情境快速變化，房間裡的每一位射擊手都必須在電光石火之間做出決定。建築物裡以牆分隔，看不見彼此也無法用口語溝通，有時候資淺的海豹隊員必須去做會影響整體行動方向的決策，因此，每一位行動隊員都要有戰術上與行動上的敏銳度，快速且自信地做出重要決策。除了做決定的壓力之外，由於近身戰鬥實彈訓練本質上風險就很高，故會制定嚴格的安全守則，以確保不會有人受傷或身亡。如果任何人違反規則，海豹部隊的教官會發出違反安全規則的申誡令，這是一種記錄不符規範行為的通知單。收到一、兩張申誡令就麻煩了，如果某一位海豹隊員拿到兩張以上，那就觸動了警鈴，他很可能會被踢出排上，當不成海豹隊員。

「他的問題是什麼？」我問。

「他嚴重違反安全規範，」萊夫回答，「而且看來他沒有從中學到教訓，沒有進步。洛克很努力，但是每當有壓力時，他就會很快被任務塞爆了。」

海豹部隊說「被任務塞爆」，是指一個人或團隊同時遭遇多項問題，到頭來承受不住，無法適當地判斷狀況的緩急輕重並加以執行。同時處理太多資訊讓人崩潰，當事人要不就什麼事都做不了，要不就做出讓自己身處危境的決策，還把團隊或任務拖下水。

我懂這個問題很嚴重，但我想要百分之百確定我們為了幫助洛克改善該做的都做了，然後才考慮開除他。萊夫和他的排長湯尼都是強悍的領導者，兩人都很頂尖，期待團隊裡的弟兄同樣有出色表現，第三排裡的多數海豹弟兄也確實很傑出。但我知道，領導者很強悍，有時候會傾向於過早開除表現不佳的人，沒有充分給他改進的機會。我知道萊夫、湯尼和第三排的其他弟兄已經竭盡全力，但我還是想要確認他們完全理解一件事：**多數表現不佳的人需要的不是開除，而是要有人領導**。

「你跟他好好談過了嗎？有幫助過他嗎？」我問，「湯尼那邊呢？」為了確認洛克有完整得到讓他能加快腳步進步所必要的指導與輔導，我希望確認我的好友兼戰術專家、同時也參加過幾次海外部署行動的老練海豹隊員湯尼・義夫拉提（他也是第三排的排長）有和他密切合作。湯尼是訓練教官，教課的範圍幾乎涵蓋每一項進階訓練，我知道他最有機會和洛克講清楚。

「那是肯定的。」萊夫回答，「排長能做的也做了，我也是，士官長也是。我們很努力想要幫助他快點適應。週末大家都去狂歡時，我們還派了一些人和他一起演練。但是洛克看來就是辦不到。我不知道我們還能做什麼。」

萊夫臉上的懊喪凸顯了整個情況：他正在努力平衡領導的二元性，一邊是要指導、輔導部屬，另一邊則是要決定開除對方。

「你認為我們要開除他？」我問。

「我想這或許是最好的辦法。」萊夫鬱悶地說。這不是輕鬆的事。

「聽我說，他是一個好人，」萊夫繼續說，「他很努力，我也非常希望看到他成功，但是，在真實的戰鬥情況下，如果我們讓他身在他必須果決行動的位置，風險很可能極高，對他自己來說是這樣，對第三排其他人來說也是。」

我完全理解萊夫講這番話的理由，他也是對的。我們在部署時，洛克必須面對的情境是要賭上他自己、海豹部隊隊員以及無辜老百姓的生命，他必須能在瞬間做出決策，而且是對的決策。戰場上，如果洛克呆住了，無法和敵方士兵對戰，他很可能害自己或其他人喪命。如果他做出錯誤的決定，誤判沒有武裝的平民是敵方士兵，很可能讓無辜的人白白送命，並導致洛克入獄。無論是排裡的弟兄還是任務小組成員，我們就是不能讓還沒有準備好站出來做決定的人在高壓環境下執行任務。但是，這件事還有另一面，我不確定萊夫完全理解這部分；這一點使得要平衡當中的二元性成為更艱難的挑戰。

「你知道，如果我們開除他，會找不到人替代。」我說，「在剩下的鍛鍊訓練中你都會少一個人，很可能連實際部署時都一樣。」

「你覺得我們找不到別人替代他？」萊夫問。

「不太容易。你知道，海豹隊員已經不夠了。」我說，「實際情況就是這樣。每一隊每一排都在到處找人。如果你要洛克離開，不能期望再找到另一個人遞補。所以，你必須自問：你希望第三排少一個人嗎？」

萊夫靜靜地搖搖頭，苦苦思索該如何繼續。

「想一想，」我說，「有沒有其他適合他做的事？或許讓他離開攻擊訓練。讓他當某一輛車的駕駛或砲塔手如何？也許他可以負責押解犯人。除了破門而入的攻擊手之外，我們還有很多工作需要有人去做。」

「但即便是這些工作，我們也需要洛克做決定。」萊夫說，「即便是這些工作，他也會處在我認為他無法應付的情境。」

「沒錯。」我同意，「但他很可能只是懂得比較慢，他可能需要多點時間才能理解這些。就算他只能在後方支援、在營區工作讓排裡可以運作，下一次他很可能速度會加快。多派點人教他，要湯尼和其他人一起。我們來看看他能不能做一些對排上有用的工作。」

「收到。」萊夫說，「這合理。我們會盡力幫忙。」

萊夫就這樣離開了，顯然他想的是看看能不能幫助洛克成功。如果他們沒有辦法幫助他完全跟上，或許至少可以讓他達到一定程度，幫他培養出足以應付較靜態工作的技能，讓他比較不會因為任務而驚慌失措，害自己或別人送命。

我們繼續近身戰鬥訓練，強度一天天加重。我們進展到在房間更多、走道更複雜且威脅更大的大型建築裡執行清理任務。我們繼續訓練，學習因應更困難的局面：兩個各自獨立的戰鬥小隊同時進入射擊屋、進行實彈爆破以及處置更多的囚犯和非武裝平民。我密切觀察洛克好幾輪，看看他的表現如何。萊夫說對了：洛克真的竭盡全力才能跟上。我還必須照顧任務小組裡其他四十多名海豹隊員，尤其是排裡的領導幹部，我不能只關注洛克一人，我已經看到了他的表現，理解他確實比第三排和第四排的其他新人同儕落後很多。但我也沒有看到他犯下任何大錯，嚴重到我們不得不開除他。然而，他確實收到好幾張違反安全守則申誡令，我也不斷聽到教官幹部群一直在指導他。

第三排也還是把洛克當成排上的一員，萊夫、湯尼和排上其他弟兄繼續幫助他，讓他能進步。布魯瑟任務小組結束了近身戰鬥訓練，進階到下一個同樣也要好幾個星期的訓練階段，做完之後又接下一個，最後來到了最終訓練，稱之為「特殊偵察」（special reconnaissance，簡稱ＳＲ）。各排在進行特殊偵察訓練時會在實地裡花更多時間，來到基地以外的訓練用戰地，練習觀察並從隱密的觀察位置傳遞報告。本項訓練的重點是「悄悄溜進去偷看」，在敵人根本不知道你來過之前就離開，因此不會開火也不用做任何快速決策。這裡的壓力低很多，我覺得洛克應付得來。

我聯絡萊夫和湯尼：「洛克表現如何？」

「不太好。他連在這裡都沒有辦法冷靜沉著。」湯尼回答。

「對，他還是犯錯，而且是很簡單的事。我不知道該怎麼說。我偶爾看到一點希望，但是他確實還是很辛苦。」萊夫補充。

「好，我們的訓練快結束了，」我說，「我們需要做個決定。如果你們什麼都做了但他還是辦不到，我們或許得要他走人。」

「懂了，老大。」湯尼說。

「了解。」萊夫回答。

這將會是我們這個任務小組到目前為止不得不做的最艱難決定之一。面對必須提升績效的人，何時該幫他忙、何時又該判定要讓他離開，這種尋找平衡的挑戰並不容易拿捏。

萊夫和第三排要去實地進行另一次花上幾天的行動，等他們回來時，萊夫直接來找我。

「喬可，我想，經過這一次的最後行動，我們已經無法回頭了。」他說，「洛克要執行一些簡單的任務，沒有壓力、不用緊張，但他全部搞砸了，我們必須解除所有任務，把他的工作交給別人。還好，都有人補了上來，我們完成任務。但是，這件事讓洛克的處境更艱難了。他不僅沒有貢獻，他的能力不足還把整個團隊拖下水。對我來說事情很清楚了，我們再也無能為力。」

萊夫搖搖頭。「我很討厭這種事，」他繼續說，「洛克是好人，但是他就是應付不來，他對他自己和其他人來說都很危險。他達不到我們需要的水準，我想我們必須要他走。」

「這是很難的決定，特別是我知道你還滿喜歡他這個人。」我對萊夫說。

「我們都喜歡他，」萊夫回我，「他很努力，也很有心，但是一再一再證明他無法做好他的工作。我很擔心洛克會傷到自己、傷到別人，或是害別人受傷，有一次我們在作戰時更是讓我心驚膽跳。我覺得我不應該讓洛克身在他無法應付的情境之下。如果他做出錯誤的決策害別人受傷或喪命，洛克就要帶著歉疚過完這一輩子。良心上，我不能任由這種事發生。」

「你說對了，萊夫，我也知道你已經盡可能幫他跟上大家了。」我安慰他。

「我是，喬可，我真的有，我們都有。」萊夫回答。

我靜靜坐了一分鐘，專心思考。這是很難的決策，最難的。當你要開除某個海豹部隊的人，你就是在撕裂人家的心、粉粹了人家的夢，讓此人遠離朋友、毀了事業，還奪走別人的生計。這不能輕鬆看待。但在此同時，另外的負擔更沉重：排裡其他隊員的生命；這些人仰賴的是每一位海豹隊員都能完成自己的任務，而且要好好做。我們必須要能夠支援彼此，就只是這樣而已。

另一個影響我做決定的因素也同樣重要：負責第三排的是萊夫，他是領導者，我必須相信他的判斷。身為排指揮官，這也是他最艱難的領導決策。當然，他在行動期間要下很多決定，並導引第三排的日常運作，但這些決定都不像開除洛克這樣會對其他人造成後續影響，而且這也會永遠衝擊洛克的人生。但萊夫已經想了很久，也想得很認真，我也一樣。我們已經竭盡所能在這種二元性中求取平衡：一方面，我們想要和洛克肝膽相照，希望洛克成功，在海豹部隊中開創出色的事業生涯；但另一方面，我們必須對更大的團隊盡忠，包括第三排、任務小組，最重要的，還有我們的使命。我們必須確保團隊裡的每個人都做好份內事，洛克做不到。我們得去做正確之事，但也是困難之事。

「那好吧，」我說，「我們把他拉出第三排，送他回海豹部隊，交由三叉戟審議委員會（Trident Review Board）決定。」

決定之後，萊夫和湯尼一起和洛克開了會，他們對他解釋整個情況，為何必須做這個決定，以及之後會怎樣。洛克要等三叉戟審議委員會的結果。

我們把海豹部隊配戴在制服上的戰爭徽章稱為「三叉戟」，上面印有一隻大型的金色飛鷹、一把燧發槍、一個錨和一支三叉戟。三叉戟審議委員會由隊裡最資深的士官組成：海豹士官、資深士官以及士官長。他們會審查洛克的情況，判定他能否再當海豹隊員，若能的話會讓他有機會換到另外一排，要不然，他們就要拔掉他的三叉戟，把他送回美國海軍中非屬海豹部隊的水上艦隊。委員會審查洛克的情況，檢視他的違反安全守則紀錄，並聽到湯尼和第三排士官長針對他的表現所做的證詞。決定很明確：委員會判定要拔掉洛克的三叉戟，讓他回到艦隊。他不再是海豹部隊的一員。

這讓洛克很不開心。雖然洛克很難過不能再待在海豹部隊，但在此同時，他顯然也鬆了一口氣：他解除了壓力，不用再努力去做他無力做好的工作。雖然很失望，但他還是保持正面，繼續在海軍經營出成功的事業。

拉馬迪的情況是我所能想像到的最艱困的作戰環境，在那裡，布魯瑟任務小組的表現很出色。傳承給隊員的大量深入訓練、輔導與指引，發揮了關鍵作用。然而，我們的傑出也是因為做出了艱難的決策，讓表現不佳者離隊。到要開除某個人的極端地步，是例外情況。在這面向上的二元性還有另一個故事，第三排的另外四個新人在排內領導幹部與資深海豹隊員的輔導、指導以及特別努力之下，表現非常出色。這四個人每一個都偶有辛苦掙扎的時候，但最後都跟上了，只有洛克例外。第三排的海豹老兵和他們一起合作、一起訓練，給他們建議，並激勵他們成為第三排和海豹部隊的健兒。盡己所能幫助下屬、同袍和領導者，讓他們拿出最好的一面，這種態度對於第三排和布魯瑟小隊的成功來說至關重要。

但是，這種態度也得要求平衡，這要靠身為領導者的我們，在已經盡力幫忙某個人跟上大家之後，此人仍達不到標準，也要知道何時要決定讓對方離開。

法則

多數表現不佳的人需要的不是開除，是有人領導。然而，當一切可以幫助績效不彰者的方法都已用盡，卻還是不見成效，領導者就需要做出艱難的決定，請走此人。這是每一位領導者的職責，也是該負的責任。

領導者要對於團隊中每個人的產出結果負責。每一位領導者的目標，都是要讓每一個人做到最好，敦促大家發揮最大潛力，讓團隊也能展現最高潛能。反之，領導者也必須明白人有極限，不見得每一個人都能在團隊中找到適合的工作。有些人可能需要技術性較低的工作、有些人無法面對壓力、有些人難以和別人合作，有些人沒有創意，想不到新點子或沒辦法解決問題。這不是說他們沒有價值，只代表領導者需要善用他們，把他們放到能完全發揮自身優勢的位置上。我要再說一次，領導者還是要盡力，讓每一個人能展現出最大潛能。

偶爾，會有人在任何方面就是達不到必要的標準。一旦領導者已經做足指導、輔導和諮詢工作，用盡所有能用的補救措施，就必須痛下決定：請此人離開團隊。在這種情況，要平衡的二元性是：即便對方缺乏做好工作必要的技能，也要把這個人帶著，好好照顧；另一方面，則是要保護團隊，把不適任的人帶離會對團隊和使命造成負面影響的位置。

這方面的二元性會帶來問題，原因之一是絕對責任的概念。在絕對責任之下，我們說「沒有糟糕的團隊，只有差勁的領導者」。奉行這句箴言的領導者，通常能得到正面的結果。當團隊裡出現低於正常標準的隊員，領導者會對他負起責任，確保此人能得到必要的訓練、指導和輔導，以便跟上團隊。花在人身上的投資通常會帶來回報：表現落後的人最終會有進步，對團隊大有貢獻。

但也有時表現低於標準的人沒有進步，有時候甚至是無法進步。有時候這些人就是少了要把事情做好所必備的技巧、能力或態度。領導者負起責任，繼續在此人身上投下時間、精力和金錢，但他的能力就是不見長進。當領導者持續投入資源給某個人時，就會忽略了其他隊員和優先要務，團隊就開始踉蹌。還有，當其他團隊成員看到領導者傾注資源給表現不佳的人，很可能會質疑領導者的判斷力。

此時領導者就必須把重點放在追求平衡。**與其把重點放在單一的個人身上，領導者更必須記住自己還有一個團隊要管，而且團隊的表現更重於個人表現。**一旦已經做了種種努力去指導與訓練低於標準的個人，卻遲遲不見效果，此時不可繼續投資在此人身上，領導者必須做的是開除。這會是領導者最艱難的決策之一，卻是正確的決定。

我們常被問到：「什麼時候才應該開除某個人？」有些領導者太早扣下扳機，之前沒有給這些人正確的指導與足夠的機會，讓他們培養出適合的能力；有些領導者等了太久，甚至到了對方根本沒有任何改進跡象，反而還對團隊造成負面衝擊的地步。這個問題的答案是：當領導者已經竭盡所能幫助對方跟上進度卻看不見成果，那就是請對方走人的時機了。不要太快開除一個人，但也不要等太久。找到平衡，堅守底線。

業界應用

「二號樓的主任似乎不知道該怎麼做事，他們到現在已經比一號樓慢六天了。」專案經理對我和地區副總報告，他講的是負責建造其中一棟集合式公寓的主任，這家公司目前正在蓋兩棟集合式公寓。

「慢六天？」副總問道，「那不是什麼都亂了嗎？」

「完全正確。」專案經理回答，「我們必須重複做同樣的事，而不是一次就做好。像灌漿和出動吊車這種事，多做要花很多時間和錢！」

「這可不妙。」副總說，「這是我唯一親自參與的案子，結果還落後了。」

「呃……我正在努力，看看能做些什麼。」專案經理說，「二號樓的主任就是沒辦法把事情做好。」

我看看副總裁，對他點點頭。我看得出來他也想到我所想到的事。我們已經帶領整個團隊上完絕對責任的課程，但這位專案經理還是在指責、在找藉口。副總沒有。

「二號樓主任沒把事情做好，是誰的錯？」副總問。

專案經理馬上發現這句話在暗示什麼，他的臉色一變，並開始搖頭。

「怎麼會是我的錯？」他問，「是他負責二號樓，又不是我。」

「嗯，那你為什麼領薪水？」副總強勢地對專案經理問道；也許有點太強勢了。專案經理一語不發，副總退讓。

「我是指，認真說起來，你是專案經理，」副總繼續，「二號樓是這個專案的一部分，如果二號樓的主任沒把事情做好，誰應該矯正他？」

「我一直在想辦法矯正他，」專案經理反駁，「但就像我說的，他就是搞不懂。」

「那好，」我插話，「如果他真的搞不懂，那他為什麼還坐在這個位置上？如果我哪一個排指揮官或班長一再搞砸，他們就不用做了。」

「說得輕鬆。」專案經理果斷地說，「這份工作有很多包袱，我們必須清理很多建築師和工程師弄出來的麻煩。這份工作不輕鬆，如果我們叫新人上陣，誰都沒有二號樓主任具備的豐富知識。這些知識對於本專案來說非常重要。」

「嗯，這些東西現在顯然沒有用。」副總說。

「好啦，好啦，」專案經理很抗拒，「讓我多和他談談。」

「你們在談的同時，你也最好做好行動準備。」我說。我想，這很可能代表需要調離二號樓的主任。

「我準備好了。」

「沒有，你根本差得遠了。我們需要在法律上做一點準備。」副總說。

「你這是什麼意思？」他問。

「讓我們來看看整件事。」我對他說，「你說你已經跟他談過，那顯然沒用。現在，你可能要對他更直接一點，說清楚他哪裡做不好、他需要改進什麼。你也要發出警示，讓他知道當你下一次再跟他談這件事，你會留下書面紀錄；如果他還不調整自己，你就要真的留下書面紀錄。公司必須要做好行動準備，如果他不改進，就要解雇他。所以，你需要準備好，在不會出現法律後續問題的情況下解雇他。」

「但如果他真的有進步，那又如何？」專案經理問道。他顯然很擔心我發出的指示。

「如果真有改進，那很棒。」我說，「這就解決問題了，我們可以繼續做下去，就不用多考慮了。但如果他沒進展，你要做好準備。」

「如果我上報，不會反而讓他的態度更差嗎？」專案經理問。

「有可能，但想想我們的處境。」我反駁，「你及早就跟我談這件事，你帶領他進入升級諮商（escalation of counseling）的流程。你一開始先好好對他說，但他沒有改變；你問了你要怎麼做才能幫助他改變，但他沒有改變；你直接對他說他有哪些部分需要改變，但他沒有改變。你給了他大量機會，但到目前為止，他沒有任何進展。

「顯然你很努力不要給他太大的壓力，也不要太過負面，」我繼續說，「但這麼做就是沒有用。流程的下一步，是要告訴他你會提出書面報告，這是他最後的答辯機會，請他調整自己。如果他還是不動，你就必須提高升級諮商的層級：你必須提出書面報告。當然，這很可能幫上他，他很可能因此終於明白你有多嚴肅看待這件事以及情況有多嚴重。你要對他說清楚他在哪些地方失職，並幫助他改進。如果他改進了，把自己拉到合格的水準，那很好；但是如果沒有，你就要準備好以行動因應。備妥正式諮商的紀錄會讓解雇這件事比較容易一點，此外，也要記下你為了幫助他、指導他和輔導他所做的種種努力，並清楚說明他的表現低於標準且必須改善，這些終究會對他有利。」

我解釋，開除員工之所以這麼困難，是因為領導者知道自己並沒有竭盡所能真正去領導表現不佳的人。身為領導者，當我們做得不夠多時，會覺得自己很糟糕；我們沒有去訓練部屬，沒有輔導、沒有指導。這些都會讓我們覺得愧疚，這也是很正常的。

「如果你做足領導者應該做到的事，」我說，「如果你針對他的失職提出直接的回饋意見，指導他、輔導他，還給他大量的機會修正自己，那麼，開除績效無法達標的人不僅是正確之舉，更是唯一能做的事。如果還有任何保留，就會讓整個團隊失望。我這麼說有道理嗎？」

「有道理，但完全沒解決其他問題。」專案經理說。

「什麼問題？」副總插話。

「找人取代他的問題。這份工作很複雜，就像我說的，問題百百種。」專案經理回答，「如果我要開除他，我從哪找到一個能掌握這份工作的人？」

「誰說你要去找誰了？」我問，「為何不升一個人上來？」

「升一個人上來？」專案經理問道。

「就是。」我回答，「一整個工地——其實應該說是兩個工地——都是員工，當中沒有任何有能力的領導者嗎？你不認為有任何人可以出線擔當主任的職務、領導大家？」

「或許吧。」他的回答無精打采。

就這樣，專案經理走回他的拖車，我和副總則到處走走，和工地的員工以及領導幹部談談。整體來說，這是由經驗豐富的工人組成的出色團隊，兩棟樓都有穩定的進展。事實上，團隊中很多人都在兩棟樓之間來來回回，兩邊的工作都有參與。

「兩個團隊基本上是一樣的。」副總對我說。

「沒錯，是這樣。一號樓很順利，二號樓則否，這不是很奇怪嗎？」我說著，聲音裡透露出嘲諷。我們都知道此地發生了什麼事。

「沒有糟糕的團隊，只有差勁的領導者。」副總引用了《主管這樣帶人就對了》裡的章名，這一章解釋團隊的失敗何以是領導者的錯。「二號樓的主任無法發揮效果，專案經理什麼也沒做。」

「確實，」我回答，「這是很糟糕的領導，不是嗎？」

「當然是……。」副總回答，等到最後他終於明白我話中的真意時，臉色變得黯淡。他對我做出明知故問的表情，我點點頭。

「責任在我，對吧？」副總說。

「你是領導者。」我回。

他站在那裡看著建築工地有一分鐘，然後看著我說：「我懂了。」

「懂什麼？」我回應。

「我懂了。我知道你剛剛對專案經理說的一切，很可能也是對我說的。」副總說，「如果二號樓的主任沒有發揮作用，專案經理也不處理，實際上是我的錯……我得解決問題。」

「這就是絕對責任。」我同意。

副總安靜了一陣子，接著說：「好了，這我也懂了。但是問題還是在：二號樓的主任是個好人，他之前在公司裡做了別的案子，做得很好。還有專案經理，他也可以把事情做好，看看一號樓就知道了。我想要照顧他們。」

「當然。專案經理可以把事情做好，但他沒有。」我提醒，「還有，你任由專案落後，真的是在照顧員工嗎？就放任他們失敗？這也是一種領導的二元性：找出平衡，知道何時要留住員工，教導他們、指導他們直到他們能跟上，另一方面要知道何時要判定他們已經對團隊有害，請他們離開。當然，當你在教導、輔導並幫助他們時，會和他們培養出關係，你們會累積起信任。然而，身為領導者，如果你在一個人的身上投入太多的時間，代表忽略了其他人。還有，如果團隊中有任何人無法展現成效，很可能衝擊到整體任務。我認為你現在面臨的就是這種狀況。你讓專案經理去處理主任，但他沒做好，整個專案也因此受損。你需要跳進去解決問題。」

「我會，」副總說，「我會做到。」

他要我留點時間讓他和專案經理談談，我離開了，去和工地的一些包商聊聊，多了解領導幹部和這些包商的互動。約過了一小時後，副總傳簡訊給我，說他在他的拖車裡，想要簡單說一下他和專案經理的談話，於是我轉往他的拖車。

「比我想像中輕鬆。」他說。

「那很好。你跟他說了什麼？」我問。

「首先，我對他說我很喜歡他這個人，也覺得他很有能力，」副總說，「但我接著對他說他沒把工作做好，而且，如果他失敗了，代表我也失敗了。然後我指出如果我失敗了，我得對整件事負責，並設法解決。」

「他有什麼反應？」我問；我預期專案經理會心生防衛，要求副總多放手，讓他做好自己的工作。

「讓人意外的是，他不在乎。」副總回答。

「真的嗎？」我發問，忍不住訝異。

「我想他需要一點協助才能痛下決定。」副總說，「而且我認為他自己也知道。因此我要他向二號樓的主任發出非常明確的書面諮商，在此同時，我也要他找找看能把誰升上來接管二號樓。那是他最擔心的地方，他不覺得二號樓工地裡有誰已經準備好升上來。但我跟他說，可以從一號樓裡找人，他們的資訊都相同，而且他們過去六個月都跟著一號樓的主任，在好的領導人帶領下有優勢，他們知道自己應該做什麼事，也已經看到要怎麼樣做才對。他很喜歡這個想法，而且馬上提了幾個很有升遷潛力的人。我想這會讓我們很順利。」

「那很好，至少你們的討論很有進展。」我說，「現在要來處理困難的部分：執行。專案經理必須和主任好好談一談，這種對話講起來會很難。如果用談的沒用，他必須解雇主任。從試著教導和協助對方到開除對方，是很困難的過程，但遺憾的是，身為領導者，這就是你必須面對的二元性。」我對他說。

在接下來幾個星期，我人不在工地，但是經常收到副總傳來的最新消息。他和專案經理執行了計畫，專案經理針對二號樓主任提出了書面報告，副總和專案經理兩人合作，從一號樓裡找出最適合升上來成為二號樓主任的候選人，並和他們相談。經過三個星期再加上三次的書面諮商之後，二號樓的主任沒有進展，所以他們辭退他了。專案經理提拔了一位新主任，確認了新的領導幹部。一號樓主任出於和新任二號樓主任的交情，特別出手相助幫忙他跟上進度，就連自己的人力和資源都調度過去幫他們趕工，這是「掩護與行動」的絕佳範例。雖然一號樓比二號樓早完工，但一旦在該繼續教導表現不佳的主任、還是決定該辭退他並以好的領導幹部取而代之兩者間找到平衡之後，二號樓團隊就大大提升了績效。

PART 2 任務平衡

Chapter 5

嚴格訓練，而且要明智訓練

萊夫・巴賓

2009

敵區 Hostile Territory

「大華特（Big Walt）倒下了。」內部各班群組無線電網路裡傳來這個消息，排裡的每一位海豹隊員都透過自己配戴的耳機和無線電聽到這個消息。四處都有震耳欲聾的炸彈爆炸聲，以及從四面八方射來的子彈呼嘯聲。槍林彈雨裡，失去同伴的苦澀消息讓排裡其他海豹隊員心碎。他們現在身處險境，在充滿敵意的城市裡被敵軍的戰火包圍。他們的車隊中已經有一輛悍馬車被擊中，無法行動，無助地停在街上。如今，他們敬愛的排長「大華特」離去了，他們仰賴這位重要領導者做出艱難的決定，在激戰中鼓舞部隊，現在他們可以依靠誰？

指揮鏈上，士官長是下一位。他知道他該在這裡挺身而出領導，但從他臉上的表情來看，他顯然很困惑、不知所措。海豹部隊這一排裡的其他人需要領導者鼓勵他們、為他們指引方向，讓四分五裂的團隊再度整合成一體，但他們沒看到士官長展現出多少的信心。海豹部隊其他射擊手掩護部隊，避開連番射來的子彈並盡力反擊。他們等著士官長下指示。接下來怎麼做？整合武力？攻擊？還是撤退？他們一直沒有聽到指令。

「大家在哪裡！」士官長對著無線電大叫，子彈擦過他的臉龐，距離只有咫尺。沒有人回答。他們怎麼可能回答？大家分散在各棟建築物裡，幾乎綿延整個街區，而且所有人正全神貫注在手邊的任務上：反擊、處理傷亡以及試著釐清自己所處的困境。對排裡多數海豹隊員來說，耳機裡的無線電傳來的問題不過是背景音而已。此外，在這個難以描述的城市環境下對著無線電說明自己的位置，非常困難。透過無線電傳出的回答如「我在牆邊」、「我在一棟房子的後院」或「我在街區半路的街道上」，根本無法說明詳細的位置或是接下來會採取的行動步驟，徒然讓無線網路壅塞，阻礙重要命令的傳遞。

只有一小群海豹隊員和士官長同處一室，他不知道其他人在哪裡。敵軍的戰火從四面八方射來，幾個海豹射擊手竭盡全力，從窗戶和門口反擊。他們被困住了，看不見其他也在執行掩護行動的弟兄，因為其他人在別的建築物裡，中間還隔著水泥牆以及其他建築物。

實際上，他們之間只有幾碼的距離，但是由於彼此並不知情，感覺上像是相隔千里。

砰！砰！砰！

建築物外的街道上發生爆炸，機槍的火力聲從牆上應和，士官長驚慌失措，他的部隊蹲了下來，等待有人站出來發號施令，誰都好。

「我們要怎麼辦？」一位海豹隊員大叫。另一位喊回來：「我們得離開這個鬼地方！」

外面一片兵荒馬亂之際，敵方的戰鬥人員從附近的街區集中，逼近海豹隊員所在位置，情況馬上更加混亂。敵軍正在調度要包抄海豹部隊，海豹部隊這一排卻完全沒有動靜，沒有人發號施令，沒有人擔起責任解決問題，做出一點實際的事。反之，當士官長像瘋了似地團團轉，試著數清楚他身邊還有多少海豹隊員卻徒勞無功，大家都只是呆等著。

這時候，又有一名海豹隊員被擊中，然後又是另一個。

有人倒下。

他們已經失去大華特，少了他的領導，所有人都不知該如何是好，無法救自己脫離這個可怕的困境。時間一分一秒過去，死傷人數也逐漸增加。士官長沒有做決定，其他人也沒有。

這一排海豹部隊的醫務兵受過很好的軍醫訓練，去查探倒在他身邊最近的死傷弟兄，但是人數太多了，他無法同時處理。他只能先檢傷，救他能救的弟兄。

隨著死傷人數增加，混亂也漸漸加劇，排裡海豹隊員也爆發嚴重的挫折感，敵軍則一直從各處悄悄挺進，愈來愈近。

「誰來下個命令！」一位年輕的海豹隊員沮喪地大喊。

誰來下個命令。

看到這一幕真是讓人心碎。身為觀察者，從旁遠觀的我清楚看出要怎麼樣才能解決問題：排裡誰都好，總之要有人站出來領導，把兵力集中到一個中央區，清點人數，然後帶領大家往同一個方向前進。這一隊海豹隊員陷入困境，身處風暴中心，更難看到出路在哪裡。只會保持原狀、不知要積極調度因應，是他們最糟糕的行動。

對這一排海豹隊員來說，幸運的是，這個情境下的敵軍並不是真的，他們都是海豹部隊教官與自願的平民老百姓，扮演模擬的敵軍。到處亂竄的子彈都是漆彈，打到人雖很痛，但不會致命。炸彈也不是RPG-7火箭炮，而是模擬榴彈，爆炸時會發出巨大聲響，但不會有傷及血肉身軀的致命榴彈碎片。這個險惡的城市是一個用煤渣磚建成的地方，有牆面和街道，以及高好幾層的建築物，內有窗戶、樓梯間和門口走道，模擬這一排海豹部隊在伊拉克或其他地方可能會遭遇到的城市環境，我們把這樣的空間稱之為城市地形作戰行動（military operations, urban terrain，簡稱MOUT）城鎮。城市地形作戰行動是一項訓練，試著營造真實城市巷戰會有的混亂與困難情境；城市地形是最複雜也最具挑戰性的戰鬥環境。雖然這只是為了嚴酷戰鬥所做的準備而不是實戰，但從中學到的教訓可是貨真價實。知道要如何管理這種混亂情況、甚至化劣勢為優勢，在真正上戰場時將可以拯救人命，並確保大幅提高任務成功的機會。

海豹部隊的訓練方案是為了讓部署的作戰小隊做好上戰場的準備，在難度上以及優越的成果上都是出了名的；請不要把這和基礎水下爆破訓練班混為一談了，後者這套為期七個月的訓練是最初的篩選流程，意在淘汰不具備上戰場時對海豹部隊而言最重要特質的人。海豹訓練實際上是要替海豹任務小組做準備，讓他們能在小組層級訓練（Unit Level Training）時迎戰最有挑戰性的任務並贏得戰鬥。海豹部隊各排與各任務小組也就是在此時學會如何以團隊之姿齊心合作，在不同的環境下克服挑戰達成使命。

《主管這樣帶人就對了》裡第八章〈釋出指揮權〉說得很詳細，指出布魯瑟任務小組二〇〇六年拉馬迪戰役的勝利便是證明，說盡了我們在實際部署之前所做的務實且具挑戰性的訓練有多出色。我們從拉馬迪返國後，我去找了幾位幫助我們進行嚴格城市戰鬥訓練的海豹訓練教官，我告訴他們，他們所做的訓練幫了我們大忙，毫無疑問拯救了很多人的命。喬可也同意我們在部署前的訓練非常重要，甚至在離開布魯瑟任務小組要接新職務時，他選擇成為負責海軍特戰一團訓練特遣隊（Training Detachment, Naval Special Warfare Group One，簡稱TRADET）的主管。海軍特戰一團訓練特遣隊的使命，是要訓練美國西岸所有基地的海豹隊員，替他們做好戰鬥部署的準備。喬可帶來我們從拉馬迪學到的心得，用來強化現有的訓練，並以此為基礎繼續發展。喬可知道領導（而且是團隊中每一個層級的領導）是戰場上最重要的事，因此他特別精心安排，把重心放在領導發展上。訓練的目的，是要嚴謹測試團隊中每一層級的領導者：領導四名海豹隊員的射擊團隊領導者，領導八名部屬的班長，領導十六名部屬的排長和排指揮官，以及領導整個任務小組的指揮官。喬可負責海軍特戰一團訓練特遣隊時，訓練做得最好、最有挑戰性。訓練情境經過設計，營造出戰鬥時本來就會有的混亂騷動，讓領導者承受高度壓力，挑戰他們以及下屬領導者的決策，讓他們學會謙虛。每一位戰鬥領導者都必須謙卑，不然的話，就要丟臉。我們知道，訓練時丟臉遠比在戰場上丟臉好太多，在戰場上很可能丟掉小命。非常重要的是，領導者要知道情況有多容易失控，敵方調度與佔得上風的速度有多快，通訊會如何遭到阻斷，自家人打自家人或友軍開火的情況有多常出現，以及在混亂與槍戰的環境下有多難以清點人數、又有多容易把人落下。如果他們在訓練當中學會並理解這些事，就能做好更充分的準備，防範真正戰鬥時重蹈覆轍。喬可對訓練特遣隊的座右銘是：「嚴格訓練是培訓人員與領導者唯一的日常職責。」

我有兩年負責資淺軍官的訓練課程，這是所有通過海豹訓練的軍官都要上的初級領導訓練課程。我要把這些心得教給未來的海豹軍官，結訓之後，他們將會以排副指揮官的身分加入海豹部隊。後來，我調回海豹部隊，擔任作戰行動軍官，除了主要職責之外，我（以及任何領導者）的工作中還有一個很重要的部分，就是要訓練、指導並傳承我學到的體會，教會小隊裡的戰術領導幹部。在我們海豹部隊裡，這些幹部指的就是排指揮官與海豹任務小組指揮官，這些人很快就要部署到世界各地的交戰區。

我們的任務小組層級部署準備訓練為期好幾個月，其間我和喬可一起去各訓練現場，觀察排上與任務小組領導幹部在實地訓練演習（field training exercise，簡稱ＦＴＸ）中的實際表現。在後半段好幾個星期的訓練中，會有如實物大小的場景，結合任務分派、規劃和執行，通常還有搭配支援物資如直升機、坦克和裝甲車，對抗扮演敵軍的人。實地訓練演習極具挑戰性，主要是為了在模擬戰鬥環境中測試領導能力。我和喬可會一起評估海豹部隊的領導幹部，給他們回饋意見、指引和輔導，讓這些領導者為了上戰場做足準備。

本章一開始描述的情境，是我和喬可前往城市地形作戰行動訓練場地，觀察我的其中一個海豹任務小組（由兩個排組成）在城市戰鬥訓練中的實地演習表現。我們至少花兩天的時間看他們演練。任務小組裡的主要領導幹部顯然是其中一位排長大華特，他經驗豐富，而且天生就是領導者，無論壓力有多大，他都果決堅定，毫不畏縮。在每一種情境下，他都會挺身而出，力行實踐。他這一排在之前的情境中表現傑出，大部分都是因為他的領導能力。排上其他兄弟、甚至任務小組裡的另一排，都非常仰賴大華特做決策。這種高成效的領導者當然非常寶貴，但如果團隊的表現僅繫於單一領導者，將會受到嚴重阻礙。如果領導者受傷或死亡，或者無法立刻現身做決定，而其他人因為過去從不曾出頭而不願意這麼做，團隊的表現就會受到衝擊。

喬可知道只有一個辦法可以解決這個問題。「一直是大華特在主導，」他說，「我想我們需要把他拉下來，看看會不會有其他人跳出來。」

「我同意，」我說，「我也一直在想這件事。」

一如以往，我和喬可立場一致。他指示訓練教官在下一回合的實地訓練演習中要打到大華特，這是指，他在模擬戰中會被「殺死」。

在接下來的實地訓練演習中，這一排的海豹部隊的任務是進入一處以煤渣磚建成的城市地形作戰訓練城鎮，逮捕或處死一名恐怖份子首領（那是由我們找人所扮演）。我們觀察他們的規劃流程和行動順序，以及向團隊做的任務簡報。之後，他們開始執行行動。我和喬可在旁邊，跟著領導幹部，仔細觀察。

為了模擬城市巷戰，海軍特戰一團訓練特遣隊的工作幹部在街上焚燒車胎，並設定了模擬榴彈。煙霧和聲音營造出緊張氣氛，非武裝「平民」（他們是沒有明顯武器的角色扮演者，可能、也可能不是敵軍）接近正在巡察的海豹部隊，騷擾他們並拖延他們的行動。

之後，海豹部隊的訓練教官命令其他扮演敵軍的人攻擊。很快地，假扮的「敵人」開始用漆彈或訓練用彈★射擊海豹隊員。雖然情況愈來愈混亂，但大華特仍掌控大局，他堅若磐石。

時至今日，其他領導幹部也該自己做點決定，別再事事仰賴大華特了。他們必須身在艱難處境，面對壓力並跳出舒適圈，正面迎戰領導的挑戰。就像我們說的，**躲在舒適圈裡不會成長**。

可憐的大華特，這次他在劫難逃了。這一排海豹部隊面對的戰鬥壓力愈來愈大、戰況愈來愈激烈，大華特走到街上指引團隊，此時一位海豹部隊的訓練教官跑到他前面對他說：「排長，你死了。」

大華特回望他，一臉不可置信。他很不高興。一連串的髒話衝口而出，之後他才不甘不願地在街上坐下。但是他控制不了自己，還是繼續鼓勵身邊的海豹射擊手，並替他們整理出條理。

「排長，你死了，你要出局，你不能講話。」海豹部隊的教官厲聲警告。

大華特極不情願地服從命令。兩名海豹隊員把他架起來，放進悍馬車的後座，這部車

★ 訓練用彈：軍方與執法人員使用的非致命訓練武器，以進行符合實況的訓練。裡面有漆彈，以實際武器系統改造後的槍管發射。

很不幸地被教官擊毀，現在被標示為無法行動，只能停在街上。之後，兩名海豹隊員過來，進入附近一棟建築物的內部，執行掩護。

就在此時，各班組的無線電發出訊息：「大華特倒下了。」

排上以及任務小組裡的其他人看著自己信賴的排長倒下，他們都崩潰了。沒有人挺身而出，沒有人召集部隊或發出指示。士官長知道自己應該要領導，但他沒有實際的作為。在此同時，扮演「敵人」的人持續調度，射中更多海豹隊員，他們倒下成為模擬傷亡者。

這樣經過幾分鐘之後，我和喬可（以及其他海豹部隊訓練幹部）看得很清楚，少了大華特，這一排海豹部隊就不知所措到了極點，學到的東西忘了一大半。嚴格的訓練很重要。無論訓練有多困難，實戰一定更難，因此，訓練一定要嚴格，模擬實戰的嚴峻挑戰，並將壓力加諸在決策者身上。但我們也知道，就和其他的事情一樣，訓練時的重點也是要找到平衡。

如果訓練太輕鬆，無法讓參與者竭盡全力，他們的進步就非常有限。但如果訓練對團隊來說太困難，導致學員再也無法承受，也會大幅減少他們能從中學到的心得。訓練必須讓團隊不安，尤其是領導者，但又不能讓人招架不住，毀了士氣、阻礙成長，灌注失敗主義的態度。

想到這一點，我們知道必須讓大華特重新回到情境中。我和喬可討論了一下，我們兩人的意見再度完全一致。大華特要回魂。

「大華特，」喬可的聲音穿過槍聲和爆炸聲，「你復活了。」

「什麼？」大華特從悍馬車後座吼回來；他被釘在後座，明顯非常惱怒，因為他領導的這一排動彈不得，但他又無能為力。

「你復活了，」喬可重複，「你現在回到訓練情境中。」

大華特馬上就像是神話裡浴火重生的鳳凰一樣。他站了起來，從悍馬車後座出來，高高端著武器對著天空，發出簡單、清楚且精準的命令：

「大家都來這棟建築物裡集合！」他大喊，指著附近一棟水泥建築，「現在退回到我身後！」

他不像士官長那樣嘗試使用無線電，而是大聲喊出簡單的口令，讓聲音所及範圍內的人聽到並理解。

幾秒鐘內整排就開始動作了。即便是無法直接看到大華特的海豹隊員，也可以聽到聲音，往他的方向移動。他們透過口令把話傳下去，幾秒內，這一排集合進入一棟建築物裡。大家安全進入建築物後，大華特隨即下令設置警戒，並要求快速清點人數。沒多久，話就傳回來了，所有的海豹隊員都算到了。接著，大華特下令小隊「衝出」建築物，衝向剩下仍能行動的悍馬車，登上車離開這個城市，躲開危險，回到模擬基地。在大華特的領導與明確指令之下，這一切都迅速成事，而且相對輕鬆。

回到基地，就進入訓練最重要的部分：簡報。排上和任務小組的領導幹部要出來分析哪些部分做對了、哪些錯了，以及怎樣可以做得更好。海豹部隊的訓練教官整理他們的批評意見，喬可對領導幹部做簡報，我也提出我的想法。

訓練當中總是有可以學習的東西，最出色的排和任務小組會以絕對責任的原則接受這些心得、承認問題並找出解決方法。他們會不斷進步。最差勁的小組會拒絕批評，抱怨訓練太嚴格。

以這次的實地訓練演習來說，士官長學到了最重要的教訓。他完全呆住了，無法帶著團隊行動，認為那根本是不可能解決的困境。但，大華特只用了一個口令，馬上就讓小隊重新投入，動起來。士官長現在了解他在這種情況下要做什麼。失敗常常是成功之母，現在他已經下定決心，要從這次經驗中學習，做得更好。我們讓大華特復活，確保弟兄能學到這些東西。大華特的復活立下了典範，明確展現了好的領導可以達成哪些成就，就算在最險惡的情境下亦然。這是士官長和排上其他資淺領導幹部很難忘記的一課。

就我們在拉馬迪戰鬥中學到的教訓來說，最重要的是這個：領導是戰場上最重要的一件事。領導，而且是各層級的領導，是決定團隊成敗的極重要因素。我多次親眼見證這一點，就發生在一個人能想像到的最可怕真實世界環境之下。**當領導者站出來主導大局，讓團隊集中心力一起行動，能有斐然的成績**。前述訓練時發生的事再度證明，當所有人都迷失方向，有沒有一個人登高一呼做出決定，就代表了成與敗的差別。假如我們繼續讓大華特「死掉」，不讓他進入訓練情境，任務小組就會被假扮的敵軍完全消滅，就看不到領導在戰場上的重要性。他們會以為當情況太糟糕，不管做什麼都無法自救。但這是錯的。雖然我們很希望訓練情境很嚴格，但學員也需要教育。非常重要的是，排上以及任務小組裡的其他海豹隊員能親自見證大膽領導者所做的果斷決定如何扭轉乾坤，即便在最混亂的情況下也能發揮作用。看到這一切之後，許多資淺領導幹部都會仿效領導者，站出來領導團隊。訓練的重點就在於展現這個很基本的事實，並培養出釋出指揮權的文化，讓每一個人都去領導，讓每一個層級的領導者都要負責，果斷行動以克服障礙，達成使命。為達此目的，**訓練必須有挑戰性，必須有難度，必須敦促團隊成員遠遠跳離舒適圈**，他們才能理解什麼叫做難以承受、策略致勝以及採取守勢。**但訓練也不能太艱鉅，讓團隊根本受不了，什麼都沒學到**。

太簡單的訓練無法真正挑戰學員，太艱困的訓練則會毀了學員，領導者與教官要找到兩者之間的平衡，在每一次的訓練活動中都必須權衡這種二元性。通常，在過度走偏之前，我們都不會體認到當中的二元性已經失衡。

以布魯瑟小組的鍛鍊訓練（這是我們到拉馬迪部署之前要受的訓練）來說，我就在自家的城市地形作戰行動實地演習中親身體驗過這種事。教官要我們去執行一次自殺任務，他們拖來一輛舊型的 UH-1 休伊（UH-1 Huey）直升機空機，放到城市地形作戰場地的中央，周圍都是街道和用煤渣磚建成的建築。這是《黑鷹計畫》（*Black Hawk Down*）★的場景，我們的任務是要從充滿敵軍的城市中央「救出」被擊落直升機（以休伊直升機為代表）上的組員。海軍特戰一團訓練特遣隊的教官在另一邊還綁上了四分之一吋厚的鋼板。在這個場景中，我們這一排海豹部隊要使用一種重型電動工具「快鋸」鋸開鋼板，進入休伊直升機（也就是模擬的「殘骸」）駕駛艙與載客艙。以第三排來說，我們知道這是一項艱鉅任務，但我們也已經下定決心要拿出做好的一面，盡可能快速且又有效地完成使命。

我們利用停在三條街外的悍馬車展開夜間行動，讓主力海豹隊員下車，進入直升機救援。我們在黑暗的街道上徒步巡察，行動迅速沉靜。一切都這麼無聲無息，直到我們來到墜毀的直升機（就是陰沉沉地停在主要路口的休伊直升機）旁邊。

海豹部隊中的攻擊小隊就戰鬥位置，部署好周圍防線，在此同時，海豹部隊裡的爆破手打開快鋸，啟動引擎，要把鋼板鋸開，發出嘈雜的吱吱聲，而且火花四射。

過了幾秒，情況為之一變。假扮的那些人（也就是我們要對抗的「敵軍」）發動猛攻，從各處發射漆彈。警戒的海豹部隊攻擊小組還擊，但是沒有什麼效果。敵人在我們四周，在高處從二樓窗戶以及頂樓開火，我們卻被困在街道中間鋸著鋼板，除了放棄任務，我們什麼都做不了。但放棄心態並不是布魯瑟任務小組的選項，我們已經下定決心要進入直升機，根據我們被設定的情境，去「救援」裡面的兩位組員。現在我們困住了，在街上毫無掩護，面對各處射來的子彈。這是一場浴血戰。教官丟出模擬榴彈，爆炸時發出了響亮的「砰」以及閃光。

我走到各處，查看大家在這場猛攻之下的狀況。負責操作快鋸的爆破手面對最嚴峻的情況。我走到他身邊，看看他的進度如何。

「情況如何？」我大吼，壓過喧鬧聲。

「差不多了。」他一邊回答，一邊咬牙切齒，因為有好幾顆子彈高速射中他的裝備，漆濺到他的負重設備，在他的脖子、手臂和腿上留下難看的污痕。他背對著敵人，由於他用雙手操作重型鋸子，根本也無法反擊。但是他站在那裡，像硬漢一樣挺了下來，是一個「強悍的蛙人」。我在他身邊蹲下，替他還擊，試著壓制敵軍的火力，但無濟於事。我被四面八方射來的子彈射中，幾十發的漆彈撞在我身上，刺痛了我的雙手、雙臂、雙腳和脖

★《黑鷹計畫》是馬克．波登（Mark Bowden）寫的書（也是一部根據本書改編的好萊塢電影），描寫一九九三年十月美國特種部隊和索馬利亞軍隊之間的摩加迪修戰役（Battle of Mogadishu）。

子。很快地，面罩以及我用來保護眼睛的護目鏡都染上了漆彈裡的油漆，我幾乎什麼都看不見。海軍特戰一團訓練特遣隊的教官配戴螢光棒，在夜間發出螢光標示位置，讓我們知道不可射他們。他們不應該進入戰鬥區，我們要當他們不存在。我沒辦法清楚確認，但知道他們大概就在幾碼之外，了解他們都在掌控情況之後，我對著他們的方向發出了幾枚漆彈，要教官快速趕來掩護。爆破手終於切開鋼板，我們也救出兩位扮演「飛行員」的人。接著我們急忙從這個城市撤退，對於我們染上的污痕感到尷尬，並取笑著這種情勢演變簡直爛透了。

我們在城市地形作戰行動經歷過很多艱鉅的實地訓練演習場景，這一次最瘋狂，也最沒有教育意義。這已經不只是帶來挑戰的難度，根本已經變成一次大災難，我們得咬緊牙關撐到結束。回來以後，我算了一下制服以及行動裝備上至少有三十七處被漆彈打中的痕跡，這還沒有算上我的面罩和護目鏡上的幾十處。如果是真槍實彈，我已經死了幾百次了。喬可看到我從頭到腳都是漆彈痕，他搖搖頭，然後大笑。

「我猜你們來了一點。」他笑著說。

「是啊，」我說，「我們來了還不只一點；我們可是享盡了情勢演變的『全部好處』。」

假扮的「敵軍」攻擊讓人完全無法承受，我們完全無法反擊。切割休伊直升機上的鋼板花掉了讓人如坐針氈的好幾分鐘，比海軍特戰一團訓練特遣隊的教官預估的更長。在他們明白我們已經受不了，在鋸開鋼板之前完全動不得，只能困在原地，之後如果能主動降低攻擊力道，這樣的訓練就會好得多，也能教會我們更多東西。我從中學到最重要的一件事，就是在這種情境之下我們需要更多兵力，才能清空整條街上的所有建築物，並讓海豹隊員登上制高點，確保我們能佔到監看敵方的戰術優勢位置，反向運作行不通。我學到的另一點是，到了某個時間點，我必須願意取消任務，我必須做出艱難的決策，撤回人員放棄任務，讓我們可以重新整隊、重新攻擊，而不是白白犧牲整個小隊。

布魯瑟小隊歡迎嚴格的訓練，我們樂於迎擊有難度的挑戰和對體力要求極高的情境，但我也體會到這也有其限度。**訓練要嚴格，但不可嚴格到毀了團隊、讓本來應該要有的學習縮了水**。這是必須仔細平衡的二元性。

二元性的一邊，是好的領導者必須確認訓練中納入了真實戰場上最困難的挑戰。有些海豹隊員不想接受嚴格的訓練，不斷抱怨自己受到挑戰，一直被帶出舒適圈。他們說訓練太不切實際、太偏重基礎，或是他們想要去做他們口中所謂的「高階戰術」。事實上，這多半都是「我不想接受嚴格訓練，我不想接受挑戰」的託辭。在一些海豹隊員、尤其是資淺的海豹領導幹部身上看到這樣的軟弱態度，說起來很讓人意外。

「這種訓練很荒謬，」這是一位海豹部隊排長的評論，他指的是海軍特戰一團訓練特遣隊在喬可領導之下發展出來的訓練情境挑戰，「我實地部署過很多次，從來不曾發生過這些狀況。」

某個人沒有在實際生活中經歷過最糟糕的局面，並不代表這不會發生，也不代表團隊不用針對最嚴苛的戰鬥現實做準備，恰恰相反。團隊必須準備好面對最糟糕的狀態：很多人同時倒下、車輛被土製炸彈擊中，或是「低風險」任務一下子完全走樣。

通常，海豹部隊排上或是任務小組裡這些愛抱怨的人最常拿出來反擊的論點，是這些假扮的「敵軍」（也就是教官以及其他志願者）太「厲害」了，比我們在海外要對抗的任何敵軍技巧都更高超，裝備也更精良。但是，這本來應該是被當成一件好事，挑戰團隊、讓團隊做足充分的準備。而且，我們在拉馬迪對抗過的很多敵軍都棒到不行，他們有多年的實戰經驗，更能從中學習、創新並改良。你不應該把他們視為無物，絕對不可以自滿，不然的話，他們就會取代你的位置，把你消滅殆盡。

由此又衍生出另一種批評，有人質疑訓練之所以會這麼難，是因為訓練教官「作弊」。「他們知道我們的計畫，」有些海豹隊員會抱怨假扮的人，「而且我們要照規矩來，他們不用。」

喬可用邏輯反駁這樣的論點：「你要在海外迎戰敵軍，他們也不照規矩來：他們不像我們制訂了交戰法則；他們會假裝叛變以隱藏攻擊或引誘你踏進埋伏陷阱；他們會找來自殺炸彈客；他們會設計相反的埋伏，故意互相射擊，想的卻是要殺掉更多我們的人。他們不介意做這種事，但我們介意。我們的行事作風依循的規矩和他們不同。如果我的訓練教官、也就是這些假扮的敵軍違反規則，這是好事，代表這是很實際的訓練。不要抱怨，要誠心接受這一點，並想辦法克服。」

嚴格訓練是培訓人員與領導者唯一的日常職責。

這是喬可和海軍特戰一團訓練特遣隊訓練教官身體力行的座右銘，他們也義不容辭，要確認訓練有難度並將標準維持在一定的水準，讓海豹部隊各排以及各任務小組做好準備，有朝一日他們身處遙遠的戰場上，才能從最艱困的環境中活下來，而且活得好。

有些領導者努力想讓部屬開心，他們很可能因此忽略了表現上的缺失，任由部屬便宜行事，不堅守嚴格訓練、維持紀律、遵守標準作業程序與務必克服障礙的底線。有些領導者認為他們可以用假意的鼓舞來振奮團隊，讚美實際上表現沒有這麼好的團隊。這種可能就是愛抱怨的人在尋找的海豹領導者。但是，訓練時永遠不將團隊推出舒適圈，不推動標準帶動團隊邁向傑出的表現，不提出指引與誠懇批評的領導者，到頭來會讓團隊的生產力和成效愈來愈低，真正在現實的嚴峻挑戰中接受測試時就會失敗。

最出色的領導者，多半是從成功的和失敗的經驗中學習的那些人，他們看的是團隊與任務的長期成就。他們不畏於進行矯正績效不彰的難堪對話，他們維持高標準，確保團隊為了最糟糕的情境做好準備。力求部屬要展現傑出、持續學習與成長的主管，能讓團隊順應過去讓人不安的環境。藉由挑戰前線領導者，或要資淺、經驗較少的人承擔更高的職務與更大的責任，團隊就能落實適度的釋出指揮權，讓團隊各個層級的領導者都能站出來領導，團隊將因此發揮更大成效，完成使命。當團隊成功，勝過所有人，這開啟了最大的機會，帶動團隊成員的長期成就。

訓練的策略性目標，必定是為團隊每一個層級培養出有能力的領導者，因此，嚴格的訓練是必要的。但如果訓練太嚴格，將會讓團隊崩解，就別想有什麼學習與成長了。所以說，我們必須尋求平衡，要嚴格訓練，但也要明智訓練。

法則

不管任何團隊，嚴格訓練對於團隊的表現來說都至為重要，當海豹部隊的各排與各任務小隊實地到交戰區進行部署時，這一點甚為明顯，我們會說：「你的訓練決定你如何戰鬥，你的戰鬥反映了你所受的訓練。」最好的訓練方案會大力敦促團隊，將他們遠遠推出舒適圈，好讓成員從訓練中犯的錯學習。但願，這能防範團隊在真實生活中犯下相同或類似的錯誤。

已經從美國陸軍退役的大衛・哈克沃斯上校（Colonel David H. Hackworth），在《向後轉：一位美國戰士的漫長探索》（*About Face: The Odyssey of an American Warrior*）★書裡引用了他的心靈導師陸軍上校葛洛夫・強斯（Colonel Glover Johns）講的話：「訓練愈嚴格，部隊愈自誇。」隨便找一位海豹隊員問問：「哪一門基礎水下爆破訓練班最難？」你會聽到的答案就是：他們自己接受的那一門訓練課程。每個人都想要說他們自己受到的是最困難的訓練，比起任何人的都困難，至少結訓之後想起來是這樣。但有時候，某些團隊在訓

★《向後轉：一位美國戰士的漫長探索》由美國陸軍退役的大衛・哈克沃斯上校與茱莉・樹曼（Julie Sherman）合著（New York: Simon & Schuster, 1989）。

練當中想躲在舒適圈裡，領導者不可容許這種事。

訓練必須嚴格，訓練必須模擬真實的挑戰並對決策者施加壓力。躲在舒適圈裡不會成長。如果訓練沒有將團隊推出界線、反而讓他們輕鬆達標，團隊（尤其是團隊裡的領導者）就培養不出承擔更大挑戰的能力。但訓練在設計上要達成讓團隊成長的目標，讓成員在未來可能遭遇的實際情況中能夠有所發揮。訓練不可以困難到毀了整個團隊，讓團隊士氣低落，或是讓參與訓練的學員挫敗到完全無法從中學習。訓練和其他事情一樣，領導者也必須在這裡找到平衡，聚焦在三大重要面向上：務實、基本與重複。

訓練一定要務實，每一種訓練情境都要以實際上可能遭遇（或潛在存在）的情境為基礎，從中學到的心得必須要能隨即套用到團隊的任務上。戰場上的混亂與不確定性對於沒經歷過的人來說很可能難以招架，正因如此，我們要在訓練中盡可能地製造混亂。訓練應能把團隊（尤其是領導者）推入讓人不確定該怎麼做的真實、不安狀況。商業世界裡的訓練也是一樣，要模擬情境，練習如何面對問題客戶或顧客，或是在結果不確定且局勢不完全明朗之下承受高壓力迅速做出決策。演練因應嚴重事故的權變措施，執行即便在高壓之下仍必須遵循的程序。

訓練必須把重點放在基本面上。任務小組雖然必須適應與創新，但是某些基礎戰術怎樣也不會改變，以軍隊戰術來說如此，以商業或人生來說也是如此。人常常會想要跳過基礎、直接踏進所謂的「高階戰術」，但是如果團隊基本的做不好，高階戰術也就失去了價值。領導者必須確認訓練方案練好基本功。

訓練必須重複。只有在新人進來的前幾天或前幾星期提供訓練是不夠的，每一個人都必須持續受訓。重複去做能讓每個人都變得更好，因此，很重要的是要規劃長期的重複性訓練，挑戰團隊裡的每個人，尤其是領導者。

每個人都要為自身的訓練擔負絕對責任，不要等別人制定有效的訓練方案，請自己主動去做。最好的訓練方案不是從上面協調出來的，而是從下面帶動的，由最接近行動現場並從中學到教訓的第一線領導者發動。善用團隊裡造詣最高的成員來帶動訓練方案，將學到的心得傳遞給其他人。

「我們沒有預算可做訓練」，並非合理的藉口。找人扮演以營造情境並不花錢，但可讓領導者處於他們還沒準備好因應的情境並做出艱難的決定，藉以磨練他們。

「我們沒有時間可做訓練」，並非合理的藉口。只要是重要的事，就要挪出時間去做，而且，不管是什麼團隊，好的訓練對於成敗來說都至關重要。將經常性、重複性的訓練納入行事曆，是強化團隊表現最有效的方法。

我要再說一次，好的訓練的關鍵在於找到平衡。嚴格的訓練很必要，而明智的訓練亦是關鍵，要用最好的方法善用時間，並學到最該學的心得。

業界應用

「我不相信我第一線的領導幹部能好好執行這項任務。」資深專案經理說，「你說我們要釋出指揮權，但我沒有信心，不相信資淺領導幹部能好好做。」

「你要靠訓練教育領導幹部並培養信任，」我回答，「我們先來看看你們的訓練方案。」

「我們沒有。」資深專案經理回答。

「嗯，那很可能就是你的問題。」我說，「為什麼你不承擔責任發展訓練方案？」

我之前在這家公司的年度領導異地訓練活動上發表一篇專題演講，我們在《主管這樣帶人就對了》寫到的作戰法則讓公司的團隊心有戚戚焉。他們後來請我回去設計一套領導發展方案，提供給公司裡二十四位資深領導幹部，包括高階主管之下的各部門主管與資深專案經理，他們負責落實高階主管的願景。

這家公司很出色，有很堅實的領導幹部，有些經驗豐富，有些則是剛加入團隊。他們的成功，也讓公司享有快速的成長與擴張。但是，資源（尤其是資深領導幹部）要同時分配到很多專案上，引發了問題。

公司的資深領導者積極求勝，但有些人也體認到由於公司成長速度太快，必須把經驗不足的極資淺領導幹部安插到很重要的管理位置，而且少有人監管。資深管理者發現，這會帶來風險，衝擊公司提供的服務品質，也有礙第一線團隊在時限與預算內有效完成任務的能力。

我和這家公司的資深領導者合作為時數月，我一直聽到一個主題：「我們現場缺乏經驗足夠的領導幹部，難以執行這些專案。我們把太多工作堆在還沒準備好、經驗不足的領導幹部身上。」

這真是讓人憂心，我向公司的高階主管團隊提出這個問題時，他們看來也並未完全了解風險所在。

我在一堂課中與資深領導人會談，直接談到這個問題。「各位提出的說法很有道理，」我說，「然而，要讓這些經驗不足的領導幹部做好準備，唯一的辦法就是訓練他們。你們要在訓練中把他們放進棘手的環境之下，讓他們準備好面對現實環境的挑戰。」

團隊裡有些人看起來一臉懷疑。

「訓練如何能取代真正的經驗？」一位領導幹部發問。

我可以看到其他人也在點頭，認同這個問題的前提。

我解釋，訓練無法取代真正的經驗，實戰經驗是最好的。但我也強調，聚焦在務實、根本與重複等三方面且具挑戰性的訓練方案，可以大幅提升資淺領導幹部的表現，也會大大緩解經驗不足的領導幹部在少有人監督之下做事所引發的失敗風險。

我暢談拉馬迪戰役以及我們從中學到的教訓。我這麼做，是為了讓這一群人知道來龍去脈，他們才能完全理解我們所傳授的領導法則來自何方。

「我二〇〇六年去拉馬迪部署，各位知道我在這之前有多少海豹部隊排指揮官的經驗？」我問。

有人聳聳肩，沒有人回答。他們要不是不知道，要不就是不想猜，更或者，根本都不想認同答案。

「零。」我說，「那是我的第一次，我之前沒當過排指揮官。我之前不曾領導一個海豹部隊的排，第一次就對著五十輛坦克與幾千名士兵的大規模海陸聯軍發號施令。我之前從來沒有真正上過戰場，我排裡面的弟兄也一樣。

「各位知道喬可在我們去拉馬迪部署之前有多少任務小組指揮官的經驗？」我繼續問，「零。但他仍然在抗敵行動中展現了出色的策略眼光，領導布魯瑟任務小組成為關鍵要角，支援美國在此贏得勝利。第四排的指揮官賽斯．史東也是第一次以排指揮官的身分部署當地，他也在第一場戰鬥中證明了自己是傑出的戰鬥領導者。」

我重述喬可告訴我的事，講到賽斯和第四排第一次在危機四伏、暴力重重的拉馬迪東部馬拉布地區的行動。賽斯領導第四排，包括排內勇敢積極的先鋒隊員、機槍手兼狙擊手丁納爾（J. P. Dinnell），和美國陸軍弟兄一起巡察；他們來自美國陸軍一〇一空降師五〇六步兵團第一營的傳奇性「諾曼第空降師」，由一位陸軍少校顧問領軍。五〇六步兵團的士兵駐守地面，在這個波動混亂的地區待了好幾個月，天天眼見充滿暴力的戰鬥和多場激烈的槍戰，我們布魯瑟小組的海豹隊員則才剛剛抵達。海豹部隊、美國陸軍和伊拉克部隊聯合巡察，進入馬拉布街道，沒多久就發現自己身陷一場所謂的「大混戰」（Big Mix-It-Up）激戰當中，敵方用機槍和 RPG-7 火箭炮猛攻。美國和伊拉克的巡察兵都呆住了，進退維谷。賽斯想辦法去找負責指揮伊拉克士兵的陸軍少將，子彈咻咻而過時盡量蹲低。

「我會帶一部分的海豹隊員，從側面攻擊敵軍。」賽斯很冷靜地說，聲音蓋過此起彼落的槍聲，在地圖上指出他們計畫要攻防的地點。「我們會在這裡的其中一棟建築物佔到頂樓取得制高點。」他一邊補充，一邊指向一群建築。

「很好，」少校說，「就這麼辦。」

賽斯發出向外移動的信號，丁納爾揮著他的 Mk46 機槍打前鋒，一班的海豹隊員跟在後面。他們積極攻防，從側面攻擊敵人，進入其中一棟建築物並清空，然後佔到了頂樓。他們從頂樓高處和敵軍交戰，殺了好幾個並迫使其他人四散逃逸。

巡察部隊不再呆住，現在他們可以繼續行動，很快就想辦法回到安全的基地。

喬可在行動之後聽取簡報時，少校對賽斯說：「你在槍林彈雨之下居然能這麼冷靜調度你的部隊並從側面攻擊敵軍，真是讓人刮目相看。你一定參與過多次城市巷戰和大量的戰鬥。」

「長官，沒有。」賽斯回答，「這其實是我第一次的交戰經驗。」

我向課堂上的這些資深領導者解釋，賽斯和第四排之所以能在第一次上陣時就有如此出色的表現，唯一的理由就是他們在實地部署之前接受過極艱難但務實的訓練。我們第三排也一樣。

「我們都被推進非常棘手的局面，」我繼續說，「但我們之前已經花了好幾個星期，在嚴格的訓練情境中做準備。這樣的訓練救了人命，讓我們能有效執行任務，是布魯瑟任務小組成就中不可或缺的一部分。」

「我們可以用訓練方案，」一位資深領導幹部很認同，「如果高階領導團隊可以制定出一套方案，會是好事。」

「那就是你們要做的事嗎？」我問，「等著高階主管團隊訂出一套訓練方案？這聽起來像是絕對責任嗎？請聽我說，他們已經有很多事要做了，而且，現在這間教室裡的各位更貼近問題。你們知道經驗不足的地方在哪裡，也知道資淺領導幹部需要什麼，所以，是你們要去制定訓練方案。」

我解釋，在海豹部隊裡，執行領導方案的人不是將官或艦長這些高階領導者，而是由回歸的排指揮官、排長和士官長負責。

「你們負責發展出訓練方案，」我說，「然後根據指揮鏈往上送，請他們支持與核可。」

「讓資淺、經驗不足的領導幹部處於困難情境中，」我繼續說，「利用角色扮演訓練他們，強迫他們在壓力下做決定，然後簡報決定並進行分析。」

我用一句喬可在訓練特遣隊時的座右銘提醒他們：

嚴格訓練是培訓人員與領導者唯一的日常職責。

「但你們必須明智地訓練，」我提醒他們，「讓時間和資源發揮最大用處。訓練要務實，讓重要領導幹部做好準備因應真實世界的挑戰。我向各位保證，好的訓練方案的投資報酬率絕對很高。」

在整個領導力發展課程中，我和公司裡的很多資深領導者愈來愈熟悉。這一群裡有一些出色的人物，其中三人體認到公司迫切需要訓練方案，並針對這個問題挑起責任。即便他們已經很忙，但仍挺身而出，正面迎擊挑戰，負責發展與執行有效的訓練方案。

我向公司的高階主管團隊追蹤後續發展，並對他們強調高效訓練方案的必要性。一如我預料，高階主管團隊完全支持。他們樂見負責方案的部門主管與資深專案經理付出的努力。

訂出方案需要花上大量的心力與時間。準備了幾個月之後，他們終於要開始推動了。一開始展開訓練課程時我人並不在現場，無法觀察，但是隔週我透過電話聯繫，向一位協助制訂方案的資深部門主管追問進度。

「情況如何？」我問他。

「本來應該可以更好一點。」他說，「有很多人抗拒。」

他們已經付出很多心力去訂定穩健的訓練方案，因此我很訝異現在還聽到這種話。

「怎麼了？」我問。

「問題不在於內容，」資深部門主管說，「內容很好，主題很穩當，問題出在傳達方式。」

「教第一堂課的領導幹部可能不適合領頭，」他繼續說，「他塞進太多資訊，不斷考問學員，大多數的人都跟不上。等到顯然大家都聽不懂時，他又在課堂上對他們大吼。這一班通常都很熱心向學，但是大家都對訓練感到不滿。回饋意見非常負面。」

「不太妙。」我回答，「你知道高效的訓練方案對公司來說很重要。很重要的是，授課的講師程度到哪裡，訓練的品質就到哪裡，因此，你要慎選適當的人。」

「你必須大力推動標準和訓練，」我說，「但訓練不能嚴格到毀了一開始的訓練目的：教育團隊並讓他們做好準備，以便更能高效執行公司的任務。」

「所以說，你要控制在一定範圍內。」我繼續說，「找一位新的講師重新開始。事實上，應該是由你去上下一堂課。你還要對學員說清楚，這一次不一樣。訓練應有挑戰性，但也是一種工具，讓團隊變得更好，做好準備，有能力去面對現實世界的挑戰。你要嚴格訓練，但也要明智訓練。」

Chapter 6

積極，但不魯莽

喬可．威林克

2006

伊拉克拉馬迪東北部，MC-1 行動區域「越藍」

"VietRam"—MC-1 Area of Operations, Northeast of Ramadi, Iraq

忽然之間，機槍開火的聲響劃破了夜晚寧靜的氣息，美麗但可怕的紅色曳光線條在天邊劃出一道弧線。我不確定到底發生什麼事，但我知道負責在黑暗裡掩護團隊的狙擊手陷入了槍戰，這是我最肯定的一件事。我不知道敵軍有沒有看到他們並對他們開火，我不知道他們要和多少敵軍交戰，我更不知道掩護小組裡的海豹隊員需不需要我或我的突擊部隊提供支援、要的話又需要哪些支援。然而，即便心裡沒有底，我還是需要下決定。我的預設心態是積極行事：採取行動以解決問題，並達成使命。心裡這樣想著，我知道我們該做什麼：執行。

我們就定位，準備在一個極危險的叛軍根據地展開大規模的淨空行動，目標是淨空該據點的一座村莊和市集；此地由一些小型建築物與攤子組成，美軍把這裡稱為「牛市」（Mav Market）。名稱起源於之前附近發生的一場戰事，受到敵軍攻擊的美軍尋求附近的空軍協助，美國戰鬥機用 AGM-65 小牛（AGM-65 Maverick）飛彈擊中了幾處敵軍據點。

在這項即將展開的行動中，我是地面兵力指揮官，和海豹部隊第三排以及十二名伊拉克士兵組成的突襲部隊一起上陣，地點就在拉馬迪市外一處農村地區的美國陸軍前哨，美軍把這個地區稱為「MC-1」區。MC-1 區和拉馬迪市北界接壤，但基本上兩地相隔著由西向東奔流過整個地區的幼發拉底河，區隔出城市景觀和農村風光。過了河，視野就變得開闊，看見的是經過灌溉的農地、堤岸、棕櫚樹以及散布四處的運河，一小群、一小群的房子點綴其間。這和城市景觀完全不同，也和我們預期在伊拉克會看到的沙漠地形相異，比起來更像是越戰電影裡的場景。布魯瑟任務小組和其他美軍將這個地區暱稱為「越藍」，向一個我們從小聽到大的地方致敬，這裡發生過許多打過越戰的幾代海豹部隊口耳相傳的故事，更有我們從小看到大的好萊塢電影畫面。

幼發拉底河雖然將拉馬迪市和「越藍」分了開來，卻阻隔不了城市裡的暴亂滲入鄉村。道路上布滿大型的土製炸彈，多到足以撂倒裝甲車，大街上時不時也會出現攻擊行動。聯合巡察部隊經過田野或開放地形時，就成為熟悉此地的敵軍迫擊砲小隊的俎上肉。當時負責這個地區的，是美國陸軍一〇九步兵團第一營，他們是傑出的戰鬥小隊，部隊裡都是傑出、專業且勇敢的美國陸軍弟兄。布魯瑟任務小組抵達時，一〇九步兵團第一營已經在此地從事地面作戰近一年。由於鄉村地形開闊，再加上道路有限，部隊根本不可能集中，因此，一個步兵排要負責好幾平方公里的戰區。要以如此少量的戰鬥兵力掌控這麼大的地方，很難深入敵軍把持之地。

萊夫的第三排裡有一位排副指揮官和一〇九步兵團第一營的陸軍關係很好。這位排副指揮官和負責巡察此地的陸軍連、排上領導幹部組成團隊，一起制定積極的計畫，協調出大膽的行動，沿著河推進到敵軍掌控之地。這位排副指揮官，再加上第三排的士官長和狙擊手克里斯．凱爾，領著自家的海豹弟兄，再加上合作巡察和執行掩護狙擊手任務的伊拉克士兵，深入兵家必爭之地，經常被敵軍重砲攻擊。

某次行動時，排副指揮官把自家海豹部隊和伊拉克士兵分成兩班，一班徒步巡察，要穿越一處泥濘的開放田野，忽然之間，藏在樹叢間與附近建築物的叛軍攻擊手帶著機槍出現在他們眼前。巡察隊臥倒以自保，在敵軍猛烈的火力之下動彈不得。他們「吸泥」（這是指臉朝下的臥倒姿勢，以避開連發的子彈），敵方的迫擊炮如雨點般落下，攻擊周圍各地。泥濘地如奇蹟一般拯救了巡察部隊，迫擊砲先深陷泥地之後才爆炸，地面吸收了爆炸的威力和致命的砲彈碎片，在泥地裡留下了大坑洞，但未傷害我們的隊友和伊拉克士兵。另一班海豹隊員從田野分界處堤防上守住掩護位置，他們很快地架設好壓制性火力，擊退敵方的攻擊。他們利用掩護與行動原則發展出來的穩健作為和計畫，讓陷入開放戰場上的一班海豹弟兄可以移動到安全之地，無人死傷。

長期下來，美國陸軍一〇九步兵團第一營、海豹部隊第三排和伊拉克士兵的一連串積極行動，撼動了敵人對此地的掌控。聯合的行動讓一〇九步兵團第一營的士兵做出成績，在「越藍」地區設置了一處小型的前哨站，讓一排一〇九步兵團第一營士兵在這裡生活與工作。以這個小前哨站為據點，一〇九步兵團第一營和排副指揮官帶領的海豹部隊可以執行巡察，匯聚民心，並取得關於敵軍在此地行動的情報。最後，他們找到一處由十幾棟建築物構成的小聚落，看起來正是多次敵軍發動攻擊的源頭：牛市。

多個情報來源指出，這裡是叛軍行動的基地，排副指揮官把這項情報傳給我們（萊夫以及第三排裡的其他人，還有身在任務小組裡的我），並建議我們應該在此地積極行動。我們同意，也規劃了清空村莊的行動，逮捕任何可疑的敵人，搜索市場並摧毀我們找到的軍火庫。計畫周期開始，指揮鏈上端傳來任務核可的命令，幾天後，我們就從拉馬迪營區出發到一〇九步兵團第一營在 MC-1 的前哨站。

我們希望在突襲之前能「親眼看看」村莊和市場，於是在突擊前先派出一個狙擊手掩護小隊前往目標地區，這一小群人裡包括了海豹部隊狙擊手、機槍手、醫護兵、無線電通訊兵和一位小隊長。他們是本次行動的先遣人員，悄悄溜進去，觀察目標地區有沒有什麼可疑的活動，在突襲隊進入村莊時擔任警戒。這很重要，因為敵軍在當地早已經有了有效的早期預警網絡。同情（或害怕）叛軍的當地人，會幫忙照看有哪些人進出通往敵軍要塞的大路小徑。聯合部隊經過時，當地人會發出信號或傳呼無線電，告知叛軍我們正朝他們的所在地而去。這讓敵方的戰鬥人員有機會行動，可能是奔走逃避，藏起武器假扮平民百姓，或是集結部隊利用土製炸彈、機槍、火箭炮和迫擊砲攻擊。

掩護小隊為了盡量不讓任務曝光，因此利用美軍標準的後勤車隊進入前哨站，不引起任何懷疑，我們其他人（要負責實際清空村莊和市場的突襲部隊）則留在拉馬迪營區，準備出動。

黑夜降臨，掩護小隊安靜地從前哨站出發巡察。他們暗暗越過被水淹過的田野，穿過運河，爬過堤岸，走過棗椰樹叢，一直走到目標地區。掩護小隊從遠方觀察了幾分鐘，判定村莊外圍的一處建築物是空的。先鋒往前再推進一點，確認沒有任何裡面有人的跡象，然後叫其他的掩護小隊人員也往前進。小隊進入建築物並進行清空，不像特戰小隊那麼大動作，反而非常安靜，就好像闖空門的人一樣。他們什麼都沒找到，接著就讓狙擊手就位，並在警戒位置架好機槍。無線電通訊員將位置傳回位在拉馬迪營區的戰術作業中心。

等掩護小隊就定位，行動也進入下一階段。我是行動地面部隊的指揮官，我隨著萊夫以及行動突襲主要兵力的海豹部隊第三排，跟我們一起的還有伊拉克的士兵。發動行動的排副指揮官是突襲隊指揮官。我們登上停在拉馬迪營區的車輛，駛往 MC-1 的前哨站，那裡已經展開掩護行動。我們的突襲兵力約有三十多人，一半是海豹隊員，另一半是伊拉克士兵。

掩護小隊已經就位，村子裡的一舉一動看得清清楚楚，訊息也會傳到突襲部隊。我預期這裡會有一些敵方的活動，當突襲部隊來到附近、叛軍的早期警示網路傳出訊息，就會引起波瀾。我們搭乘悍馬車移動，平靜無息。接著我們來到前哨站，這裡是我們布置好的突襲地點。我們進去，戰鬥人員把車子停好（悍馬車要回到停車地，以利快速撤離），小隊下車。我很快地用無線電查核一下掩護小隊的位置。

「三排二六，我是喬可，完畢。」我說。

「喬可，我是三排二六，請講。」掩護小隊的隊長回覆。

我發出快速的情勢報告：「突擊隊已經在前哨站待命，我們進來時有沒有任何動靜？」

「沒有，」他回答，「沒什麼事。我們看到有些當地人走動，是一般的日常活動。約二十分鐘前，這裡變得很安靜。你們進來時，沒有任何變化，看來村莊裡的人已經上床睡覺了。」

「收到，」我回答，「我們繼續保持安靜，之後根據計畫在幾小時內發動攻擊。」我告訴他，說我們要堅守預定的突襲時間，直到深夜才行動。

我走下車，把話傳下小隊。突襲部隊下車，進入前哨站的建築物裡。他們卸下裝備，隨意伸展，然後等待。我、萊夫和他的排副指揮官有事要做，因此我們去了一〇九步兵團第一營的士兵在前哨站內設置的小型戰術作業中心。在這個時代，大家通常把戰術作業中心想成一個有大型電視螢幕、咖啡機和時髦現代家具的地方，但這裡完全不同。此地的戰術作業中心很陽春：牆上有幾張地圖，一座架高的無線電基地台，以便和戰場上的各隊以及拉馬迪營區的總部通訊，一些寫上了名稱、人員與計畫的白板，還有一些基本的通訊程序，就這樣了。

排副指揮官很了解這個地區，也認識關鍵領導者，他和戰術作業中心裡的陸軍排長以及士兵打招呼。

我和萊夫向一〇九步兵團第一營駐守前哨戰的排上弟兄自我介紹。「晚安，」我們一邊握手我一邊說，「我是任務小組指揮官喬可，這是海豹部隊的排指揮官萊夫。」

「很高興見到各位。」一〇九步兵團第一營的排指揮官說。他是很專業的軍人，他手下負責管理前哨站的士官和士兵也一樣。「謝謝各位給予我們的支持，我們在這裡才能發揮一些好的影響力。一個月前，我們還因為要進來這裡而受到攻擊，但現在我們就住在這裡！」

「了不起，你們做得太棒了。」我說，「我很樂見我們能夠協助你們。」

就這樣，排指揮官就著地圖和我們談起來，指出危險地帶，說明敵方專用於此地的戰術，並摘要說明我們萬一需要協助時會有的火力支援計畫。我和萊夫隨後針對進出目標村莊的路徑提出一些切要問題，然後坐下來聽。

已經在目標區域的掩護小隊持續傳送訊息，沒有什麼重大變化。這個地區已經靜下來，村子裡沒有什麼明顯的活動。

在前哨站裡，我們聽著營上的無線電網，收聽營上監控的各排各連頻道。在這麼火熱的地方，總是會發生點什麼事，無線電總能給我們最新的消息：敵軍動向、友軍調度聯繫以及美軍受傷或戰死的相關報告。這是一次很奇特的經歷，我們先聽到遠方隱約的槍戰聲，然後又聽到無線電裡傳來這些在遠方作戰的地面部隊人員呼叫聲，聽著他們情緒高亢、做出決策、傳遞訊息與要求支援。有些領導者即便在最糟糕的局勢之下都冷靜無比，有些則從聲音裡就聽得出恐慌。聽著這些此起彼落的無線電呼叫，讓我以及其他布魯瑟任務小組的領導幹部學到一課：如果你希望有效領導，傳呼無線電時保持冷靜是一種必要的特質。

無線電通訊來來回回交流之間，我們聽到一個很奇怪的訊號，發話方是人在拉馬迪戰術作業中心的一〇九步兵團第一營，聽起來好像有另一個聯合任務小組沒做去衝突協調，他們根據自己的計畫，在布魯瑟任務小組行動地點附近行動。任務小組沒有經過嚴密的協調就出動，並非常態，但更讓人困惑的訊息是，無線電裡報告說這個小組「很可能打扮成當地人」。

這麼一來，情況很快就從奇怪變成危險。在正常的情況下，這個交戰惡地本來就有多組美國和伊拉克人員，大家都會在戰鬥裝備和武器上明白顯示出自己是友軍；如果沒有進行大量的去衝突協調，發生自己人打自己人或友軍開火的風險很高。執行行動的聯合部隊卻沒有可供識別的制服，實在太不可思議，在這個地區的美國部隊可能會把他們錯認成敵軍。此地的伊拉克陸軍經常穿著不對的制服，有時候還穿著平民服裝，要分辨敵友已經夠難的了。叛軍有時候會混搭，把準軍事裝備、亂搭的制服和他們最愛的運動服都穿上身，並在臉上套上頭套或阿拉伯頭巾。我第一次去伊拉克部署時，我這一排的兄弟一定要戴著黑色頭套，不僅為了保護我們的身分，也是為了對敵軍製造心理上的威嚇效果，但在拉馬迪，布魯瑟任務小組的任何人都不會戴頭套或任何東西遮住臉，遮掩的臉龐代表著此人是恐怖分子，沒有人希望在這種環境當中被誤認為恐怖分子，不然的話，腦門上很可能吃上一顆美國子彈。

在無線電訊息中，出現一則由掩護小隊傳來的呼叫。「我們看到動向了。」掩護小隊的無線電通訊兵小聲說。

我、萊夫和他的排副指揮官站起來，更靠近無線電聽訊息。

「有四到六名年齡在役男範圍內的男性，戰術性移動。」無線電通訊兵說明。

「你PID嗎？」這是一個很難回答的問題。PID是「positive identification」的簡稱，意指「正確識別」；我問的是，小隊是否能判別這些人是敵是友。

「待命。」無線電通訊員傳來訊息。「待命」在海豹部隊有很多意思，要看你怎麼用以及說這話時的語調，有可能是指「等一下」，有可能是「不要動」，或者是「不要再逼我了」，又或者是「我不知道，讓我去找一下」，還有，也有可能是「防撞姿勢預備，大事即將發生」。

無線電通訊員的聲音裡有著「我不知道，讓我去找一下」和「防撞姿勢預備，大事即將發生」兩種語調。

我和萊夫彼此對望。我對萊夫點點頭，他知道我在想什麼。之後，他對他的排副指揮官點點頭，他們就抓起了頭盔快速衝出去，集結部隊，要他們準備好裝備並坐上車。

我也跟著傳下一句掩護小隊指揮官沒想到會聽到的指令：「除非你確認那確實是敵方的行動，不然不要交火。那裡可能有友軍。」

「什麼？」掩護小隊的隊長發問了。這非比尋常。

「那個地區可能有未和我們協調的友軍，而且他們可能打扮成當地人。」我對他說。

「真的嗎？」掩護小隊隊長回覆，他的沮喪清晰可聞，比無線電的訊號還清楚。

「真的，把這話傳下去。」我嚴肅地回答。

這是很糟糕的局面。戰鬥本來就已經混亂，要弄清楚並理解戰場上每一件事的動態根本是不可能的任務，一般我們把這稱之為「戰爭迷霧」（fog of war）★。迷霧確實存在：不同的報告、不同的意見、不同的認知、收取與處理資訊的時間差、天候條件、黑暗、地形、敵方的佯攻與調度、友軍的行動與反應等等，這些混亂與不確定性全部加在一起，即便在最好的情況下，也僅能組合出一片迷霧。我負責西岸海豹部隊訓練工作時經常教的一課是，你在戰場上可以擁有的最重要資訊，是知道你自己人在何方。少了這一項，其他都不重要了。其次的重要資訊，是要知道其他友軍位在何處；在這之後，知道敵軍的位置才有用。不知道自己人在哪裡，也不知道友軍身在何方，幾乎不可能與敵人交鋒。

情勢開始演變，雖然掩護小隊很清楚自己的位置，也知道突襲隊在哪裡、一〇九步兵團第一營的其他人又在哪裡，但他們不確定這個地區中是不是有其他友軍，也不知道自己能不能正確識別出來。這可不妙。

★ 一般認為，這個詞出於普魯士將軍兼軍事理論家卡爾．馮．克勞塞維茲（Carl von Clausewitz, 1780-1831），他在《戰爭論》（*On War*）一書裡寫道「戰爭是不明朗之境」。請注意，克勞塞維茲從未曾真正說出「戰爭迷霧」這幾個字。

緊張時刻過了好幾分鐘，突襲部隊上車，等待命令。之後，在沒有任何其他前兆之下，掩護小隊所在的地區傳出槍響，曳光彈劃破天際。

我不知道發生什麼事，我不確定誰對誰開槍。我要求掩護小隊無線電通訊兵回報狀況，但沒有消息。

是掩護小隊和叛軍交戰嗎？是叛軍和當地的村民之間開火嗎？是掩護小隊身受危險被人攻擊嗎？發生自家人打自家人的事情了嗎？我根本不可能知道。我唯一知道的，是我們在任務規劃期間計畫與多次演練過的內容：如果掩護小隊被攻擊，突襲隊可以「強勢」進攻，這是指我們會開車直接進入目標地區（通常車輛都停在幾百公尺遠處，突襲兵力徒步巡察），或者通往村莊的主要道路上設置警戒。我也知道如果村子裡有叛軍，而我們又給他們太多時間，他們很可能會協調出防禦行動並做好開戰準備，要不然就是跑掉，不管是哪一種，對突襲隊來說都不是好事。因此，雖然局勢不明朗，我還是以預設的模式前進：積極進攻。

我跑了出來，跑進車子裡，裡面已經坐滿了海豹隊員並準備出動，我跳上指揮車，按下無線電上的麥克風，並說：「行動，行動，行動。我們開往村子裡的主要道路達斯特路（Route Duster），然後把路封起來。」

領航員在無線電上發號施令：「開動。」

車輛換檔，快速駛出道路，通往村子，通往槍戰，通往不確定。

當突襲部隊加入戰局，槍戰仍持續，但在我們的車輛駛近時有稍歇。雖然局勢中有很多不確定的地方，但也有很多事情我們很清楚。突襲部隊知道掩護小隊在哪裡，萊夫和他的排副指揮官早已告知大家這項消息。我們也告訴這個地區可能會有友軍，這讓每個人神經緊繃，在射擊時小心翼翼。

短短幾分鐘後，突襲兵力就來到了村莊中央的大路上，停了下來，設置警戒。掩護小隊停止射擊，但明顯標示他們的位置，讓我們知道他們在哪裡。

「掩護小隊，你們的狀況怎麼樣？」我從無線電裡發問。

「我們正確識別河邊的役男年齡武裝男性要進行攻擊，我們和他們交手。」小隊長回答。

「村子裡有敵軍動向嗎？」我問。

「沒有。」他回答。

「收到，進行攻擊。」我說；我的立場是我們的預設模式：積極進攻。就這樣，突襲兵力下車，在村子裡拉起封鎖線，展開系統性作業，把建築物一棟一棟清空，之後，搜索整個牛市，查探一個一個攤位。雖然敵方顯然已經心生警覺，但他們沒有時間反應。突襲兵力清空村莊和市集時，發現並拘留了幾個可疑叛軍，這些人被捕時才從睡夢中醒來，還一臉惺忪。我們也發現一處軍火庫，存放被我們摧毀的敵軍武器。雖然行動中充滿困惑和不確定，但果決和積極的行動終究勝出。

我們期待海豹隊員以積極的心態行動，我們期待他們向前邁進，快速行動，看見機會並加以善用，積極執行以解決問題，克服障礙，完成使命，爭取勝利。

但是，積極行事當中也有必須平衡的二元性：積極不一定就是正確答案，**積極必須配合邏輯以及詳細分析風險與報酬**。

拉馬迪的布魯瑟任務小組很榮幸，能支持包括陸軍、陸戰隊、海軍和空軍的五千六百名美國陸軍第一裝甲師第一旅戰鬥群（Ready First Brigade Combat Team），配合他們執行「掌握、清空、堅守、建造」策略，從叛軍手中奪回拉馬迪市。我們和陸軍、陸戰隊的領導幹部以及他們指揮的排、營、連上弟兄締結了良好的合作關係。我們的關係立基於信任和互相尊重。第一戰鬥群的指揮官是一位美國陸軍上校，他是一位出色的領導者，積極、聰敏，更有了不起的策略遠見。他確實是一位專業軍人，也是我有幸效命的出色領導者之一。旅指揮官要求支援，布魯瑟小組就全力以赴。我們很自豪能派遣海豹隊員與伊拉克士兵擔任地面部隊前導小隊，在「掌握、清空、堅守、建造」策略中的每一場重大戰事幾乎無役不與，在這個城市裡最危險、最動盪的地方建立美國戰鬥前哨站。

部署了幾個月後，某次我在拉馬迪營區參加旅行動會議時，旅指揮官問我，海豹部隊能否協助消除城北一處稱為「C型湖」（C-Lake）地區的敵軍迫擊砲小隊。此地的名稱來自於地形，這裡是一座新月湖，由幼發拉底河形成，看起來就像一個「C」字。這裡相對來說是郊區，涵蓋沿河的十平方英里開放空間，有一群群的房舍四散，還有沒有鋪設的鄉間小路。

而叛軍也利用這個地區來發動迫擊砲攻擊，攻打美軍所在的地方，叛軍幾乎每天都砲轟拉馬迪營區以及附近其他基地的美國部隊。我們鯊魚基地也會遭到迫擊砲攻擊，只是頻率比較低。美國雷達科技可以追蹤迫擊砲的軌跡，推論出砲彈發射的原始地點，許多攻擊拉馬迪營區的迫擊炮都來自C型湖地區。可惜的是，敵軍也知道我們可以追蹤原始發射地點，因此他們修改戰術，不再從某個特定的地點發射，而是在整個地區不斷移動。此外，叛軍發射砲彈時，一次僅會快速發射一到三枚，只費時幾秒，然後快速打包迫擊砲管走人。這是很有效的戰術，很難反擊。

除了迫擊砲攻擊之外，叛軍更在C型湖地區各地道路上安置大型土製炸彈。此地的道路有限，貫通美軍車隊的某些進出路徑，叛軍可以瞄準這些路徑。敵軍的攻擊部隊利用道路周圍的開放地形，遠遠就能觀察到美軍的悍馬車，從幾百公尺以外別人根本看不到的地方引爆路邊的炸彈。C型湖地區的土製炸彈最近幾個星期已經造成人員死亡，還有多輛悍馬車被炸毀，幾名美國陸軍弟兄因此喪命。

布魯瑟小隊在拉馬迪其他地區已經成功掃蕩敵軍的迫擊炮小隊和土製炸彈客（IED emplacer）★，照理說我們也應能在C型湖地區幫上忙。當旅指揮官問起我們能不能在這裡助他們一臂之力，我對他說我要先看一下，再決定我們能用什麼方法為任務提供最佳支援。我絕對希望能幫上第一旅戰鬥群掌控局面、消弭威脅，確保更多美國軍人能平安返鄉和家人團聚。我們也想要殺死發動攻擊的主謀敵軍，要他們付出代價，以慰被土製炸彈炸死的陸軍弟兄在天之靈。我把這項要求帶回去轉告萊夫和第三排，徹底討論一番。萊夫和他的排長湯尼以及第三排的所有弟兄滿腔熱血，他們都想和敵軍近身肉搏，殲滅對方。因此，他們開始分析情報、查看地區地圖，並和曾經在C型湖地區出過任務的陸軍弟兄討論。他們檢視在第三排其他弟兄以及布魯瑟任務小組情報部門加入戰局之下，有哪些完成任務最佳的行動方針。

接下來幾天，第三排在拉馬迪市其他地區執行不同任務，但當他們返回基地，就會回來商量C型湖行動的任務計畫。經過幾天謹慎的分析之後，萊夫來到我辦公室討論他們的分析結果。

「喬可，這個我不確定。」他的臉上帶著失望的表情。

「你不確定什麼？」我問他。

「C型湖行動很棘手，」他回答，「我不確定這麼做是對的。」

「好，我們好好談一談。」我說。

此時，我和萊夫詳細看掛在牆上的C型湖詳細地圖。首先，我們標示出所有已知發射過迫擊砲攻擊的原始地點。每一個地點都只發動過一次攻擊。其次，地點沒有任何可識別的模式。最後，發射迫擊砲的地形沒有任何相似的特質：有些從馬路上發射，有些從田野，有些從房舍建築旁邊，有些從開放空間，有些發射地以樹叢作為偽裝，有些則全無偽裝。沒有任何明確的模式，我們就無法把狙擊手放到正確的位置上，以觀察並和敵方的迫擊炮小隊交戰。

萊夫接著指出土製炸彈攻擊的位置。由於這個地區以幼發拉底河為界並和各運河交會，我們僅有一條大路進出，車輛能抵達的地方有限。由於地形開闊又零落，根本沒有好的制高點讓我們設置狙擊手掩護位置，無法從遠方看盡主要道路的動態，難以觀察土製炸彈客並與之交火。若要這麼做，我們必須暴露在開放的空間下，透露所在位置，讓自己面對敵方攻擊。受到攻擊時如果需要協助，美軍車輛只能透過這條主要道路過來找我們，路上有大量的土製炸彈攻擊威脅，很可能使得美國陸軍小組為了幫助我們還必須面對極嚴重的風

★ 土製炸彈客：美國軍方用來稱呼埋下致命土製炸彈（又稱路邊炸彈）的叛軍。

險；事實上，快速應變小組很可能根本無法來到我們身邊。當然，這些土製炸彈同樣也會讓搭乘車輛進出此地區的海豹部隊和伊拉克士兵身處險境。

「基本原則是，」萊夫總結，「C型湖地區任何反制迫擊砲與土製炸彈的行動成功機率都很低，但對於執行行動的海豹隊員和伊拉克士兵，以及支援我們的美國陸軍部隊來說風險卻極高。」

萊夫、湯尼和第三排的其他領導幹部顯然在這件事上做足了功課。我當然知道他們不是趨吉避凶的人，自我們在拉馬迪的這幾個月以來，他們已經一再證明了這一點。我知道他們滿腔熱血，想要盡可能讓最多敵軍灰頭土臉，以保護勇敢的陸軍和陸戰隊弟兄免於遭受致命攻擊。但我從他們的分析當中也理解，我們完全無從預測攻擊會從哪裡發動，這表示我們必須要以完全隨機的方式設置掩護位置，基本上就像大海撈針一樣困難。就算我們知道要設在哪裡，但能提供掩護與藏身的地方這麼少，敵軍要找到我們不難。最後，在沒有能力掩護整條主要道路的情況下，我們根本無法完全預防有人埋設土製炸彈。

「這些條件都對我們很不利，」萊夫繼續說，「但我們又很願意達成旅指揮官的要求，我根本不確定這是不是對的，風險太高，但能得到的回報太少。」

他說對了。雖然我們希望能行動，和敵軍對戰，殲滅C型湖地區的敵軍迫擊砲和土製炸彈小隊，但這樣的行動並沒有意義。

「是，你說對了。」我贊同，「對我們以及我們能提供的支援來說風險太高，能獲得回報的機會又太低。我會和旅指揮官談一談。」

我至為崇敬旅指揮官。他和他的幹部對我們百般信任信賴，也感激我們持續承受的風險，靠著從高點設定狙擊手掩護位置來掩護陸軍與陸戰隊弟兄。我也體認到一點，他這次提出的要求，是高估了我們在消弭C型湖地區迫擊炮和土製炸彈攻擊這件事上的能力。當晚，我開車穿過基地，對旅指揮官解釋整個狀況。他完全理解，我們也討論一些解決問題的替代方案，比方說使用長時的空中掩護在這個地區建立長期的聯合駐守兵力，如果能有一連串的檢查哨或前哨站，應該有助於控制情況。旅指揮官知道、我也明白的是，預設以積極的態度行事是一件好事，但也必須以謹慎仔細的考量加以平衡，確保不會發生風險過高但回報卻有限的局面。

法則

問題不會自動消失，領導者必須積極行動，解決問題、執行方案。太過消極等待解方自動出現，通常會導致問題更嚴重，從而失控。敵人不會退縮，領導者必須積極，制伏敵人。好的交易不會自己送上門，公司的領導者必須出去跑並且想辦法實現好交易；改革和新方法不會自動落實在團隊，領導者要積極建置。

積極行事是每一位領導者的預設心態。預設：積極。這表示，最出色的領導者和最出色的團隊都不會只是等著行動；反之，在理解策略願景（或指揮官的打算）之後，他們會積極克服障礙，善用機會，完成使命，追求勝利。

與其消極等待別人告訴你要做什麼，預設為積極行事的領導者會事前主動尋找方法，推動策略性任務。他們理解指揮官的意圖，也知道自己獲得的授權範圍到什麼地步，他們會去執行。至於超出他們職級或授權範圍的決策，預設為積極行事的領導者還是會在指揮鏈上往上提報建議，以解決問題並執行關鍵任務，爭取策略性的勝利。在海豹部隊的各排或各任務小組裡，我們期待，從每一個層級的領導者一直到前線只負責自身小任務的士兵，都要這麼做，但是以任何領導者來說，無論是身在哪個團隊或組織，這樣的心態都至為重要，是決定戰場上成敗的關鍵，同樣也是決定商場成敗的關鍵。

「積極」意味著事前主動，但不代表領導者可以發脾氣、暴怒或者以攻擊的態度待人。領導者永遠都要以專業態度面對團隊裡的部屬、同儕、指揮鏈裡的上級長官、顧客或客戶，以及直接團隊以外的其他支援人員。怒氣沖沖地和人對話是無效的方法，暴怒是軟弱的表現。在戰場上、商場上或人生裡致勝的積極，不應拿來對待人，而是用來解決問題、達成目標與完成使命。

同樣重要的是，要用深思熟慮和分析來平衡積極行事，確保確實已經評估並減緩了風險。預設為積極行事的心態也有相對的二元性：有時候，猶豫反而能讓領導者更了解情況，從而採取適當的因應之道。有時候，不要馬上還擊敵人的砲火，明智的決策可能是等待看看情勢如何演變。開火的實質目的是不是為了偵察？這是不是敵人的偽裝，意在讓你分心忽略實質攻擊？敵人是不是想要引誘你進入設定的區域，他們已經在那裡布置了優勢兵力等著突襲？花一分鐘仔細思考，很可能揭露敵方的真正意圖。少了批判性思考的過度積極，叫做魯莽，這很可能把團隊帶進災難，讓重大使命陷入危機。當有經驗的人敦促你謹慎行事時，你卻無視明智的意見，不在乎重大的威脅或是未針對可能的狀況制定計畫，都是愚昧，是糟糕的領導。

導致魯莽的主因，是軍事歷史學家長久以來所說的「勝利病」（disease of victory）。戰場上贏過幾場之後，團隊就會對自身的戰術能力過度自信，低估敵人或競爭對手的能力，此時就染上了這種病。這個問題並非戰鬥領導者獨有，商業世界與一般民間任何地方、任何領域的領導者與團隊也都會犯這個毛病。

領導者有責任與勝利病奮戰，讓團隊即便攻無不克，也不會自滿。任何行動的風險都必須小心評估，拿來和團隊成功可能帶來的回報比對。還有，當然，平衡想法時，也必須權衡毫無作為的成本。

領導者必須積極，同樣的，領導者也必須謹慎，才不會因為他們的本能就是要採取行動而「奔赴死亡」。積極與謹慎之間的二元性必須加以平衡，要積極，但不可魯莽。

業界應用

「我現在就要打造團隊，讓我們做好準備迎接未來十八到二十四個月就會出現的成長。」執行長滿懷熱切地對我說。她是一家正要快速擴張的小企業業主。這位執行長從前業主手上買下公司，前老闆準備退休，想要的是悠閒一點，過去五年都以巡航控制模式經營。

新任執行長接手後一直積極行事，並努力爭取客戶。她辛勤耕耘，帶動團隊也起而效尤。公司已經站穩立場，未來幾年可以大大成長一番。她知道自己在因應成長時需要協助，因此請來前線部隊公司當她的教練，並為團隊提供領導訓練課程。看來，她和她的公司都走在正確的道路上。

然而，這位執行長在路上遭遇了一些棘手的障礙。首先，她把自己手上大部分的資本都花在從前業主手中收購公司，而前業主在公司裡留下的現金流少之又少。她個人沒有太多錢，公司的資產負債表也很不穩，沒有多少營運資金。

這家公司也有傳統的業務問題。就像一般的銷售情境一樣，這家客製化的製造業有很多需要追蹤的銷售推介，而且只有很小的比例會真正轉化為業務。公司從接到訂單到收到錢的周轉期間也非常長，當中的活動包括設計、測試、核可和製造，還要加上來往位於亞洲的製造基地所耗費的貨運時間。這表示，從簽約到客戶真的付錢時間會拖得很長，資本會嚴重延遲到位。

執行長繼續滔滔不絕對我大談計畫：「我現在可以看到我們要往哪裡去。我們得到一些推介，案子正在增加，團隊的成交率也不斷上揚。我們明年會大爆發，我希望團隊不只是準備好而已，要預設為積極行事，對吧？」她問我；她講的是我和她以及她的團隊幾天前討論過的作戰法則。

「完全正確，」我回答，「預設為積極行事。」

我喜歡這種態度，向來如此。當天下午，她更進一步向我說明她的計畫、她為了哪些職務增聘人手、她又新增哪些職務以及未來將如何建構公司，非常讓人讚嘆。她高瞻遠矚，知道公司要往哪裡去，也清楚公司未來將有絕佳能力履行訂單並交付成果，和某些最大型的競爭對手平起平坐。

為了安置不斷擴大的團隊，她現在正在替公司尋覓新的地點，或者，至少要擴大現在的據點，也把隔鄰的某個空間納進來。她傾向於搬到某個看來更專業的新地方。公司現址已經因為多年業務衰退而殘破失修，建築物也達不到一流營運的標準。執行長知道第一印象很有價值，決心要有所改變。

「新地點很有潛力，能帶動更高的成長，」她解釋，「我知道我們會需要的！」

聽到這種積極的心態，我聽來彷彿天籟，這位執行長充滿活力與熱情的態度，也讓我完全和她站在同一陣線。

「了解。」我對她說；接著我強調她的態度：「如果你現在設定了正確的根基、基礎建設，也將正確的人放在正確的位置上，你就可以做好準備，明年可接管這個世界。」

此時此刻，我們充滿熱情與勇氣，情緒高漲得不得了，還互相擊掌，就像剛剛贏得棒球州賽冠軍的高中男生一樣。

這真是個漂亮的會談結尾。我走出這棟大樓那天，期待著下星期的下一次會談。

但當我開車去機場準備搭機回家時，我從興奮之情當中清醒過來，發現我對這家公司投注太多情緒了：是好的情緒，但是也太多了。我發現我陷入了業主的熱情裡面，讚賞她的積極心態。為了執行長的長期利益也為了這家公司好，我需要基於這個理由做一下自我查核。

當晚返家後，我發了一封電子郵件給她，為了這場美好的會談而感謝她，我讚賞她的態度，之後就輕描淡寫帶過樂觀的想法。我對她說，在她做出任何向前邁進的重大決策之前，我們應該針對財務作一些嚴肅且不帶情緒的分析，用比較保守的觀點來看營運資本和成長潛力，並預測公司近期與長期的間接人力成長趨勢。我要她請她的團隊整合這些數字供我們下次會談時參考，讓我們可以進行討論。

隔週我和她碰面時，她仍然熱情洋溢，這是很讓人開心的畫面。但我必須自制，我必須確認我不會也陷入這樣的熱情與積極態度當中。我必須確保她不會積極過了頭，甚至到了魯莽的地步。

「我想我們前景仍然大好，可以向前衝，」執行長一邊說，一邊帶著我進她的辦公室，財務長和人力資源總監都在裡面等著。

「太棒了，」我回答，「且讓我們來看看數字。」

財務長用幾張投影片做簡報，說明公司的財務前景。講到獲利時，數字抓得很緊，緊到讓我感到不安。但，也許做得到。

接著，我注意到預估銷售圖表上有一個詞「高標」。

「我看到這裡寫了『高標』。這是你們的高標目標嗎？」我問執行長。

她躊躇了一下，然後確認。「嗯，是，算是，但，我們擴大銷售人力之後，應該能夠達成。」

「你說的是你那些還沒有聘用、還沒有經過測試、還沒有經過訓練也還沒有證明自己的銷售人員嗎？」我一邊問，一邊覺得更不安。

「嗯，還沒，但……。」她回答，聲音愈來愈小。

「我們都知道這些和業務人員有關的事務都不輕鬆。」我說：「聘用不輕鬆，訓練不輕鬆，證明更不輕鬆。不管是哪一個產業，新進業務人員的成敗都要看運氣。如果你想的是根據高標的業務人力配置來達成高標目標，很可能遭遇重大問題。」

「嗯，如果要多花一點時間才能達標，我們可以等久一點。」執行長反駁，「我們有時間。」

「你肯定嗎？」我問。「麻煩你再拿出預算表，謝謝。」我對財務長說。

他把預算相關的投影片投影在螢幕上，這一次我看得更仔細了。

「你的高標目標差不多只能支應你的間接人員費用，隨著間接人力增加，情況更不會好轉。」我觀察到。

「但我們需要站穩立場才能主導明年的局勢。」執行長說了。她下意識想要打動我對於積極做好準備這件事的認同感，我必須自我克制，也必須拉住她。

「我懂了，」我回答，「但請聽我說，如果你無法在六個月內達成高標目標，你連損益兩平都做不到。當你坐等付款時，必須耗用你的營運資本。現在，你可以去申請貸款或是找幾個投資人，但是做了這樣的短期犧牲後，代價是要一直還款。如果相同的趨勢繼續下去，沒有任何外來的資金，一年內你的局面就會逆轉，十八個月內，你就很可能變得非常脆弱，不得不接受某些很糟糕的投資人交易或被迫收購；或者更糟糕的，你會破產。」

「但是，如果我都達成目標，到時候我們卻沒有做好準備那怎麼辦？」執行長問，「我還以為我需要積極行事，不是嗎？」

「嗯……你確實需要做好準備，也要積極行事，但積極不代表把謹慎小心丟到一邊，也不代表要去承擔可以且應該緩解的巨大風險，更不代表要仰賴不切實際的高標目標。你要積極行事，但要緩解風險，也要確保公司長期能成功。你要積極行事，但你也要握有公司完全的控制權與所有權。**你要積極行事，但也要做預算與權變計畫。這是你在積極行事時要做的事，不然的話，你會讓你自己、你的努力、你的團隊和公司都處於危險之地。**」

執行長點點頭，開始了解我講的話背後的道理。

「請聽我說，」我繼續說，「你很清楚我之前對你的領導團隊詳細說明過何謂『預設為積極行事』，我解釋過那指的絕非用攻擊的態度來對人，是吧？身為領導者，吼叫咆哮並非能幫助你領導的那種積極，對吧？當然，有時候你面對別人時必須堅定，但也必須加以平衡。積極是很棒的態度，但是很可能轉化成失控。現在的情況也類似。此時積極並擴大你的間接人力規模，無法協助你或你的公司，只會讓你暴露在風險當中，更加脆弱。因此，請讓我們重新開始，檢視一下你最終想要達成的狀態，然後想出一套審慎平衡的達標方法。接著，我們要擬定一套計畫，當中要納入查核點、觸發點和分支計畫，以控制、計算你所承受的風險，同時也提出一些退出策略，萬一事與願違的時候還有後路。」

執行長點頭並微笑。「我想我可能積極過頭了，但沒錯，你的講法很有道理。一定有方法可以達標，但同時又可以降低風險並提高掌控度。」

接著，我們就開始進行相關工作，建構出一套隨著銷售團隊慢慢增加基礎建設與支援的計畫，不僅要等團隊壯大，更要等到他們實際結案來證明自己。計畫中不談辦公室搬遷一事，連擴充現址都暫時喊停，等到目前的空間真正太過擁擠了再說。她也決定要削減某些開支：縮減還沒有用上的產品存放空間，並決定從三個還沒有任何業務的客戶經理當中裁減一位。當她向我簡報變更的計畫時，我微笑了。

「我喜歡。」我對她說。

「我也是。」執行長承認，「這是好的積極行事作風：我不是為了未知的未來積極準備，而是積極削減成本與管理我的損益表。」

「而且你知道嗎？」她問我。

「知道什麼？」我問。

「就算改變作法，我還是覺得很棒。」她回答；她很高興能夠把積極行事的心態導引到領導公司這件事上，把積極態度的重點放在尋找正確的方向，以及用清晰、冷靜的想法和合理的緩解風險來平衡積極行事。

Chapter 7

紀律嚴明，但不要墨守成規

喬可・威林克

2003
伊拉克巴格達中區
Central Baghdad, Iraq

坐在那部悍馬車裡的人到底搞什麼鬼，居然都在吸菸？我納悶地想。

我瞥了一下在我前方的悍馬車，看起來有人從車裡丟出一支香菸，閃著紅色的餘火在悍馬車的旁邊以及路上引發了小小的爆炸。接著我又看到一支，然後又來一支。幾秒鐘之後，我才恍然大悟。撞上悍馬車邊的不是香菸餘火，是子彈。

這是我第一次成為射擊目標，而我甚至根本沒有意識到。我們這一排海豹弟兄正坐在悍馬車隊裡，行經巴格達中區，要前往這個城市極暴亂之地。在伊拉克戰爭早期，我們的悍馬車沒有武裝，這種車輛沒有車門，鋼板也很薄，子彈可以射穿車子。悍馬車本來就不是設計給城市巷戰使用，使得現在出現的小型武器攻擊變成了實質威脅。

更麻煩的是，我們還看不見敵人的子彈從何而來，因此無法還擊。一、兩分鐘後，我們進入位在巴格達中北區的一處小型前哨站，這裡即是目的地。車隊一在院區裡停下來，我頭上的無線電就傳出呼叫，我們有一位同袍中彈。醫護人員透過無線電問傷者坐哪一輛車，無線電呼叫回覆說人在四號車。我跳下我的車，快速目視評估目前的戰術情勢。所有的車輛都排成一列，停在我們駛進院區的道路上，這條路和附近的底格里斯河（Tigris River）平行，河就在右方。我們開車經過了前哨站的主建築物，有一排裡面裝滿沙石、外面有金屬線的大型箱子作為屏障，我們稱之為防爆牆（HESCO barrier）。防爆牆沿著主建築對面的底格里斯河岸一路延伸，道路通過主建築之後還繼續往下走，但防爆牆則就此打住。我不太擔心，因為底格里斯河很寬，小型武器從另一邊的河岸開火沒有什麼效果。

等我對所處情勢放下心之後，我就回到四號車去檢視受傷的海豹弟兄。我之前從不曾讓我的人受傷，我自己從沒被射中過，排裡的人也沒有，但我並不驚恐。我知道我的醫護兵會快速評估受傷的程度並開始治療，我也知道二八戰地醫院（28th Combat Support Hospital）距離不到十分鐘，有必要的話我們可以快速轉送，這一點我們在做權變計畫時已經講過了。

還好，沒有必要轉送，他受的是輕傷，不可思議，但確實不要緊。一顆子彈（這一定是流彈，殺傷力已經大減）打中這位海豹弟兄的頭，打進了皮層但沒有打穿頭骨，在他頭部的皮膚和頭骨之間劃出一道弧線。醫護兵檢查射入傷口，追蹤到子彈，順著傷口的痕跡把子彈推出來，一直推到射入點，然後等到子彈跳出來時緊壓傷口，沒什麼問題。

在我們化解危機時，醫護兵告訴我為求謹慎應該把他帶到戰地醫院，而我聽到無線電裡傳來報告。

「我們正在遭受攻擊。」我們這一排的班組無線電網路裡有人這麼說。

我在悍馬車後方單膝跪下，其他人也這麼做。

我們仔細傾聽並環顧四周，試著要弄清楚到底發生了什麼事。我認為我聽到了幾聲子彈的爆裂聲，但無法確認。

此時我很困惑。我看到我的人都在往不同的方向看，如無頭蒼蠅一般從一個點移到另一個點，拿著武器和雷射指著四面八方，躲在悍馬車後方找掩護。每個人都想要做點什麼事，但看起來他們不確定自己應該做什麼。這當然是我的錯，我是領導者，我要下一些指令。但是，在這節骨眼上，就連我也不知道應該下什麼指令。因此，我訴諸一種技巧。我有一位老指揮官曾經教過我：如有疑惑，那就發問。不用對提問感到羞愧；相比之下，如果因為你太過自我怯於發問而做出糟糕的決策，那種羞愧更讓人難耐。

「看到的敵人在哪裡？」我大喊。

「河對岸！」有一個人喊回來。這是好事，現在我有事可做了。但是，回應傳來時只有一個人發聲，這不是海豹部隊的作法。在海豹部隊，有人發出口令時，每個人都要複述口令，以確保每個人都聽到。由於「河對岸」並非我們的標準口令，或者說，不是我們用來傳遞資訊的標準格式，因此沒有人複述。這表示並不是每個人都知道敵軍在哪裡，因此，排上弟兄還是很困惑，也沒有什麼行動。幾位海豹弟兄已經從悍馬車上下來，在車旁邊就位，其他人，包括駕駛和槍手在內，仍留在車裡。

我必須撥雲見日，而且要快。我們停車的地方已經在防爆牆之外，從河上就可以看到多數的悍馬車和人員，他們也都暴露在不斷襲來的敵軍砲火之下。我需要把車和人都移到防爆牆後方，而且要快。我心裡一下子很難擠出一個計畫，實現我剛剛所想的事。更重要的是，我需要有一套方法透過無線電把這套計畫傳下去，讓每個人都知道。詳細說明發生的事太過複雜，不適合口語傳達。我不確定要怎麼辦。

此時我明白一件事，這種情境我們之前在訓練時都看過。訓練時的情境是我們徒步巡察，當時設定方式不同，但是此時也可以套用相同的程序，而且是海豹部隊這一排每個人都很清楚的程序，所以我決定要使用徒步巡察時導引標準作業程序的那套口令。

以悍馬車的走向為基準，發現的敵人在我們的右方，我據此下了命令。

「右方發現敵人！」我大喊。這是每個人都慣於聽到與複述的標準口令，因此每個人都跟著重複。現在大家都知道威脅在哪裡了。

接著我又大喊：「瞄準預備！」要每個人把槍面向敵軍威脅。同樣的，這也是標準口令，大家一邊重複一邊執行行動瞄準河對岸。幾秒鐘內，每位海豹隊員都就了定位，拿起武器瞄準河對岸的威脅。

最後，我下令：「右移！」口令一下，以發現敵人的方向為基準，部隊開始往右移，讓我們移到有防爆牆掩護的後方。

「右移！」全排弟兄跟著複述。頃刻之間，車輛和人員都開始井井有條地移動，來到防爆牆的背後得到掩護。不到一分鐘，每個人都躲進防爆牆後方得到保護，交鋒結束。

敵人不多，射來的子彈也零零星星，沒有什麼攻擊力道。我們沒有任何傷亡，也沒有悍馬車被擊中，這不是什麼重大事件，我記得這件事的唯一理由，是因為這是我第一次遭遇敵方開火攻擊，而我從當中學到重要的心得：紀律嚴明的標準作業程序強而有力。一直都有人跟我提到這有多麼重要，越戰時代的海豹老兵尤其強調這些，如今我總算親自體驗到了。

但紀律也可能過了頭。在我完全明白為何紀律嚴明的標準作業程序如此重要之時，卻從來沒想過另一個面向：制訂程序時也可能加諸了過多的紀律，或者說太過墨守成規。

擔任布魯瑟小隊指揮官時，我學到這一課。我們有一次去了南加州帝國谷（Imperial Valley），要在嚴酷的沙漠地形進行第一次大型訓練課程：地面作戰。地面作戰演練中，我們要以整個團隊為單位學習射擊、移動與溝通，近距離面對敵軍並殲滅對方，採取掩護與行動，並善用我們的建制火力克服敵軍的攻擊。地面作戰是基礎訓練，海豹部隊所有技能都是扎根於此繼續發展。這門訓練課程很基本，但是對體能的要求也最嚴苛，包括要徒步長途巡察，跨越整個嚴酷的沙漠地形，而且還要負重。緊急處置演練（immediate action drill，簡稱ＩＡＤ）是一種預先設定且經過多次演練的機動因應行動，當海豹部隊遭受敵方攻擊時就會執行；在演練期間，每一位海豹隊員都要在動態、經過協調的行動計畫之下執行自己的角色，必須起身、趴下、快跑、匍匐、滾動、跳躍，以及一而再、再而三地前撲，這些動作非常耗費體力。此外，排上和任務小組的領導幹部也必須思考，他們必須評估地形，辨識敵軍火力位置（在訓練情境下，指的是實彈射擊演練時的反應目標位置，如果是空包彈演練，則是扮演另一方人員的位置）。領導幹部必須快速分析，看是要攻擊敵軍所在位置還是撤退，這一次能攻克敵方兵力；或者，海豹部隊應該斷開接點、撤離該區？決定了要戰或是要逃之後，海豹部隊的領導者就要做出戰術決策，這指的是海豹部隊要執行哪一種行動方案，有點像是打橄欖球時四分衛做戰術聚商（huddle）以決定該怎麼打，差別在於這樣的聚商不在運動場上，而是人命關天的戰場上（即便是訓練用的戰場，實彈演練時也有危險）。

拍板定案後，團隊會把決定傳下去，並執行行動。行動本身是很制式的，而且必須如此。實彈訓練時會有真的子彈到處飛，如果海豹部隊移動的位置超過指定區域，很可能就會被友軍射傷。基於這種危險性，海豹部隊訓練教官幹部群會密切監督標準程序，並嚴格實施。未遵循程序的人，會收到違反安全規則的申誡令以示懲罰。收到兩、三張以上的人，很可能被送到三叉戟審議委員會，還可能失去海豹隊員的資格。

地面作戰訓練期間，前幾天的緊急處置演練非常基本。班上以及排上會在開放、平緩、平坦的地形上進行簡單、定義明確且事先已經規劃好的行動。前幾輪操練時不會發射武器，因此溝通很清楚也容易理解。這種演練是基礎，領導幹部不考慮地形問題，只是在固定的範圍之內讓人員行動，非常直截了當，讓海豹隊員能理解標準作業程序，包括每個人要做什麼，以及這些行動如何整合到整體的調度方案當中。一旦這些「枯燥」不開火的緊急處置演練都練到很穩當，海豹部隊的各班各排就要進階到實彈演練。這會加入另一層的挑戰，現在，海豹隊員要從實際的機槍與來福槍砲火聲中聽出口令，並把口令傳達給排內的其他弟兄。要習慣並不難；此時的演練地形很平緩，執行行動調度相對容易。

當訓練幹部帶領各排離開平地、進入真正的沙漠地形時，一切都不一樣了，變成了小丘、深谷、地表岩石、乾河床、灌木、樹叢以及其他沙漠會有的常見景物。這個時候，排內的領導幹部就必須真正去思考，而且要去領導。如果正確判讀、理解與利用，地形將成為戰場上無人能匹敵的優勢。高聳的脊線是優越的射擊位置，岩石可提供掩護，地勢中的深谷或低地可當成出口，讓整排弟兄逃脫敵方攻擊。找到地形特徵並提出計畫之後，接下來的挑戰是要透過口語和視覺信號把計畫傳給其他隊員，在噪音、塵土和地形本身的影響下，這兩種訊息都會變得模糊不清。

以布魯瑟任務小組來說，第四排在緊急處置演練時一開始遭遇了一些麻煩。開始交鋒之後（由扮演的人發動攻擊），這一排就進退維谷。遲遲沒有人做決定，排上弟兄留在同一個位置時間太久，耗用彈藥，不前進、也不撤退以躲避敵人。這很糟糕，一般來說，「你要不就從側面攻擊，要不就等著被人從側面攻擊」。你要調兵遣將以對抗敵人，要不然，敵人就會以你為目標調兵遣將。困在戰場上不動會害你喪命，而當第四排面對模擬的敵軍交火時，他們的反應就是停滯不動。

身為任務小組指揮官，我必須為這排的表現負起責任。注意到這個問題後，我在第四排的緊急處置演習時特別觀察排上指揮官賽斯．史東。賽斯是相對沒有經驗的軍官。他和萊夫一樣，之前才剛完成美國海軍水上艦隊航行任務，很快就接獲命令接受基礎水下爆破訓練班，最後和萊夫一起完成海豹部隊的基本訓練。他們兩人都來自於美國海軍官校（U.S. Naval Academy），兩人都是德州人，都是強尼．凱許（Johnny Cash）和金屬製品樂團

（Metallica）的歌迷，都很努力，而且兩人是密友。我很幸運找到他們做我的排指揮官。

話是這樣說，但他們兩人都沒經驗的事實還是不變。這兩人從基礎水下爆破訓練班結業之後，過了兩年便受命成為布魯瑟任務小組的排指揮官，而且兩人都各自只完成一次部署前鍛鍊訓練周期、只參與過一次伊拉克部署行動，在伊拉克時兩人多半沒有在戰場上執行作戰任務，反而常待在戰術作業中心，從內部支援戰場上的任務。從他們過去的經歷來看，我不能期待他們是戰術專家，我必須教導他們。

賽斯需要協助，因此我開始在他進行緊急處置演練時密切跟著他。要跟著他比我設想的更容易。賽斯遵守標準作業程序，沒有任何例外。他應該要做的每一個動作，他都做。輪到他站起來動時，他就站起來移動到下一個指定的位置，輪到他躺下來還擊時，他就臥倒開火，就像機器人一樣。他徹底執行標準作業程序，沒有半點逾越也不多想，但就因為這麼守規矩而把事情搞砸了。

身為領導者，你一定要設想接下來會怎麼樣，你也要觀察，把這些當成自己工作的一部分。透過觀察，領導者可以了解周邊環境與地形，辨識敵軍位置並評估自家部隊所處地點。領導者要先全盤掌握，之後才做決定。

我觀察賽斯，明顯看出他的錯誤就是太過謹守標準程序。身為領導者，如果你完全按照程序去行動與定位自己，最後站上的可能不是能看清楚局勢的最佳地點。你很可能陷在窪地或是被擋在灌木或岩石後方，限制了視野；或者，你站到了角落，看不到排上其他弟兄。身為領導者，你最後要站上的位置，要能讓火力為其他成員提供重要的掩護，此時你要做的不是領導與指引團隊，而是射擊。這些都是大問題。

賽斯並不明白標準作業程序是通則指引，而不是必得遵行的嚴格規範。在賽斯心裡，這些程序很嚴格；為了確保安全，程序必須嚴格到一定程度，但他不明白當中也有很大的彈性。

當然，程序中有些部分完全不容變通，比方說，成員不可順著其他射擊手的發射位置橫向移動，不然的話，可能會阻擋其他成員的射擊範圍，或者，更糟糕的情況是進入他們的射擊範圍並被子彈射中。如果是在火線之後，成員就可以非常自由地移動，尤其是領導者。領導者在射擊線後可以左右移動，以觀察人員的位置並傳遞資訊。他們在射擊線後方時也可以往後推更多，尋找退出路線。領導者甚至可以找來其他射擊手上射擊線取代自己，讓領導者可以起身到處移動，尋找優勢地形特徵。這些都是領導者可以做的事，更重要的是，這些是他們必須做的事。如果領導者不到處移動、觀察與分析以盡可能做出最佳決策，就是他們的失敗，也會讓團隊失敗。

在下一個緊急處置演練回合，我對賽斯說我要跟著他，並告訴他要往哪裡移動。我們一開始整隊成巡察隊形，前往會有目標敵軍跑出來和排上弟兄交戰的區域。我緊跟著賽斯，但和他的有效射程方向相反，這樣我才不會妨礙他的職責。第四排要去巡察一處深谷，兩邊都是岩石和土堤，訓練演練就只有這樣，但在沙漠酷熱氣溫下高風險的實彈射擊會讓人汗流浹背且疲憊不堪，海豹教官幹部群會批評每一個行動，又要擔心目標會忽然從看不見的位置冒出來，再加上要做出好決策的壓力，都讓人神經繃得很緊。

最後，自動化的模擬目標出現在我們前方，我們聽見他們發出的砰——砰——砰模擬槍聲。賽斯射中地面，開始和目標交火，第四排的先鋒丁納爾就在賽斯前方。年輕的丁納爾是傑出的海豹隊員，體格魁梧，完全抱持著積極行事的預設心態行動。丁納爾很特別，才二十二歲的他，是天生的領導者，早已準備好挺身而出主導局面，他在拉馬迪戰役中也多次這樣做。他極為勇敢，戰鬥時這一點明顯可見。在拉馬迪東方馬拉布地區一場激烈槍戰中，他毫不猶疑賭上性命，在滿天的烽火之下跑進開放街區，搶救一位受了傷的美國陸戰隊槍砲上士，丁納爾也因此獲得銀星勳章（Silver Star Medal）。在此時的訓練情境下，丁納爾馬上用機槍開路，以壓制「敵軍」攻擊，排上其他弟兄也進入各自的射擊領域，整排左右交替。

「前方發現敵人！」賽斯大喊，警告大家巡察隊前方出現敵軍目標。排上弟兄一個接一個，複述口令，「前方發現敵人！」的喊聲在隊伍裡如漣漪般傳下去。

我觀察賽斯。他知道他們在受限地區，地處深谷，前導火力有限，深谷的壁面又限制了調度能力，因此他做出決定。

「從中央分離！」他大喊。這是正確的決定，也是這種情況下唯一的選擇。排上其他弟兄已經預期到會有這個命令，很快就把口令傳下去。

「從中央分離！」

發出這個命令之後，第四排啟動謹慎協調過的掩護與行動演練，有些海豹隊員放下重型壓制性武器，有些隊員站起來往後退，離開敵方的交戰火力。一切都很順暢，等到輪到賽斯行動時卻出了問題。

賽斯一路走過深谷，經過排裡每個人，最後來到標準作業程序書面指示他應該站的位置。一旦站定，他就單膝跪下面向深谷壁面。我看著他瞪著眼前近在咫尺的岩石土石壁面。

「你從那裡可以看到什麼？」

「沒什麼。」他一邊說，一邊搖頭。

「如果你什麼都看不到，那要怎樣知道要帶領排上弟兄去哪裡？」我尖銳地問他。

賽斯沉默了一分鐘。

「我不知道。」他承認。

「嗯，那麼，移動。」我對他說。

現在他真的糊塗了。

「移動？」賽斯問道。標準作業程序指明他應該站的位置，他認為自己遵循了程序，他認為自己不可以違反規定。然而，遵循規定導致他得盯著深谷壁面，完全看不到當下發生的事，如果他看不到現況，就無法領導。因此我要他打破程序。

「是的，移動。」我對他說。

「那標準作業程序怎麼辦？」賽斯提問。

賽斯怕他的動向違反標準，會干擾調度行動的流暢度。賽斯並不明白，標準作業程序並不是完全不可更動，尤其是對領導者來說，因此我很快地向他解釋一番。

「只要你在最後一個人的視線範圍距離內，」我對他說，「你就可以到處移動，以利看到發生什麼事，並找出接著要往哪裡移動。你是領導者！你要負責找出口。」

身為排指揮官，賽斯的任務之一就是要找「出口」，這指的是能讓這一排海豹弟兄脫離敵人砲火並掩藏動向的地形特徵。

「收到。」賽斯回答。之後，他往深谷前方又走了十碼，他動作時，另一位海豹弟兄按照他應該要有的行動，回來填補空位。這是海豹部隊調度時本來就會有的一部分，好讓領導者能到處移動，以便檢視、查看與分析地形。如果領導者的行動偏離標準位置，就會有人過來補位。

但賽斯還是找不到出口，剛剛補位的最後一名海豹隊員也快落在他的視線之外了。

「我還是什麼都看不到，但是我已經走太遠了。」他說。

「沒問題，」我回答，「等下一個人過來，要他填補空位，那你就可以再走遠一點。」

賽斯點點頭，對我笑了一下。他已經開始理解了：領導的重點不再於他是不是能完全遵行程序，而是他要能思考並做出合理的行動，讓他能用最好的方式來支援與帶領團隊。

「在那裡蹲下！」賽斯一邊喊著，一邊對著深谷裡下一個往他這裡走來的海豹隊員指出位置。「我在找出口。」

海豹隊員單膝跪下。賽斯又往後擠一點，掃描著有沒有出口。

「這裡補位！」賽斯對著深谷裡下一個過來的人喊著，指出一個海豹隊員大致應該站定的位置，然後他再轉過身多往前移動一點，尋找離開深谷的出口。

最後他找到出口了：右方有另一條深谷出現一個破口，顯然可以帶領排上弟兄離開目前的移動路徑。這是一條很好的路徑，能拉開他們和敵人交火的距離，同時保護他們免受射來的炮火攻擊。

他在出口的轉角站定。當另一個人走過深谷，賽斯大喊：「出口在此！出口在此！」並一邊順著深谷指向右方。這名海豹隊員順著賽斯的方向走，排上其他弟兄成縱隊，走到新的深谷，脫離與敵人的交戰。他們繼續往新的方向走了約一百公尺。

賽斯看著我。他什麼都沒有說，但是臉上的表情讓人一看就知道，他不知道接下來怎麼辦。

「你認為你已經阻斷雙方短兵相接了嗎？」我問他；我的意思是，他是否認為敵人仍是威脅。這些弟兄現在行進時並未射擊，代表他們已經看不到敵人，敵人不再是威脅。

「肯定是。」他回答。

「好的，」我說，「那你現在需要做什麼？」

賽斯完全理解這句話的意思。

「清點人數。」他說。

「好，那之後呢？」我問。

「把我們和敵方的距離拉大。」他信心滿滿地回答。

「那好，」我對他說，「就去做吧。」

「收到。」他一邊回答，一邊以更高的信心站穩領導者的位置。

賽斯在巡察隊中再往前移動一些，現在的他已經不再受制於標準作業程序。他很快就發現一個可以容下整排弟兄的大型凹處。他人在中間處定位，當其他人開始進來之後用手勢打出「排在周圍」的信號。他們看到他，馬上進入自己的標準指定位置。一分鐘內，第四排所有人都就位，槍口對著每一個方向。兩班的班長對賽斯比了比大拇指，代表他們的人都到了，所有海豹隊員都齊了，並且已經準備好行動。賽斯站起來，走向丁納爾，對他比了手勢要他向外巡察，脫離敵軍的交鋒。

只是一次的緊急處置演練，賽斯的領導能力便大幅精進，反映在第四排的絕佳表現上。賽斯現在明白標準作業程序並非不可更動的死板法律，而是需要用適應和常識加以平衡的指引。每個人都要能平衡這種二元性，尤其是領導者。

丁納爾一看到賽斯的手勢，就從周圍的位置上站起來，走出去巡察，掃描看看有沒有威脅。賽斯緊跟在他身後，守好他身為巡察隊長的位置，第四排其他人站起來，跟著賽斯，日後他們在拉馬迪街上也會一而再、再而三地重複這些行動。

法則

不管是個人還是團隊發展，「有紀律就能享受自由」都是強大的工具，但過度的紀律很可能扼住團隊領導者與成員的自由思考。紀律嚴謹的標準作業程序、可重複的流程和一貫的方法對任何組織來說都很好用，團隊展現愈高的紀律，就愈能針對現有的計畫進行小幅調整，從而享有更高的調度自由度。面對使命或任務時，團隊不需要從無到有擬定計畫，大部分都可以遵循標準作業。海豹部隊也有標準作業程序，幾乎涵蓋我們所做的每一件事：如何排隊與裝載車輛，車輛和徒步巡察時要排成什麼隊形，如何清空建築物，如何處置囚犯與處理受傷的海豹隊員，這張列表可以一直一直列下去。但是，在戰場上，這些標準作業程序不能束縛住我們，反而該讓我們享有自由。紀律嚴明的標準作業程序是一條界線，讓你知道可以逾越的部分在哪裡，以這些程序為基準，我們就能享有快速行動的自由。

但也有必須平衡的地方。不管是軍方還是民間，某些組織裡的領導者設置了過多的標準作業程序，制訂了實際上是限制下屬領導者思考意願與能力的嚴格流程。這很可能對團隊績效造成負面影響，有損使命且妨礙組織各層級的有效領導。

紀律嚴謹的程序必須以其他因素加以平衡，要有能力套用常識解決問題，**必要時要有勇氣打破標準作業程序、要有思考替代方案的自由度、要套用新構想、要能根據現實狀況**

調整流程。如果紀律太嚴格，團隊成員就無法調整、無法適應也不能善用自身最珍貴的資產（智慧），來針對標準解決方案無法產生效果的獨特問題快速發展出量身打造的解決之道。

更極端一點，太多紀律、太多流程與太多標準作業程序，就會完全限制與扼殺下屬主動行事的空間。就算程序顯然將導致失敗，受制於嚴格程序的領導者也不會站出來做出必要的變更，就純粹是照章行事。

因此，身為領導者，很重要的是要用適應、調整和調度的自由度來平衡嚴格的標準程序，拿出最好的行動，支援指揮官的整體計畫，爭取勝利。不管是在戰場上、商業界還是生活中，領導者都要紀律嚴明，但不可墨守成規。

業界應用

這家公司的業務副總有一股讓人不可忽視的氣場，她積極、聰明而且經驗豐富。從基層做起的她，對公司的裡裡外外瞭若指掌。公司的產品穩健，真的能為客戶帶來好處。

但是天堂裡也會有煩惱：銷售量已經連續四個月下滑了。執行長判定他們需要協助，於是找來前線部隊公司評估問題並指引方向。我人剛到，馬上就對業務副總刮目相看，但我也感受得到她的挫折。

「怎麼了？」我問她。

「不夠好，」她回答，「應該說差得遠了！」她微笑著，但是沒在開玩笑。

「我也是這樣聽說。」我說，「你認為發生了什麼事？」

她想了一下，之後才開口。

「聽好了，」她回答，「但我不是完全確定。去年很糟糕。我們看來沒有做錯什麼事，所有地區經理都很認真激勵業務人員，好好訓練他們，也增加了很多人手，第一線的業務人員士氣也很高。」

「嗯，這聽起來是好事。」我對她說。

「是好事，」她繼續說，「然後來到十一月，十一月對我們來說通常是比較辛苦的月份，十二月也是。我們的產品很實用，主打居家安全、保全和效率，不是大家會列在清單上的聖誕禮物。」

「真的不會。」我同意。

「我們想要在這段期間仍能維持銷量和利潤，因此身為領導團隊的我們非常積極，就像你說的，預設為積極行事。」副總繼續說。

我笑了，承認她很懂我常講的基本概念。

「那很棒，」我對她說，「那你們如何展現積極？」

「我們所有人都很主動，」她回答，「我們增加業務人員的訓練，我們站出來監督他們勤打推銷電話，我們緊縮定價模型以提高利潤，我們也開始追蹤每個業務員每天打出去的推銷電話數量並確實敦促他們。」

「這樣做沒有效果嗎？」我問。

「沒有我們期待的效果。」她說，「我是指，這很難說。這個十一月不像前一年這麼糟糕，但與我們期待的目標仍相距甚遠。」

「那你們怎麼辦？」我問。

「我們再加碼。」副總說。

「你們加碼？加碼什麼？」我發出疑問。

「全部。」她爽快地說，「我們強化推銷腳本，並更認真訓練業務員。我們要業務人員完美無缺地背出腳本，他們都做到了。我們甚至更嚴格控管定價，確保達成的每一筆交易都能創造出最高利潤。我們也提高每一位業務員要撥打的推銷電話數量。我們拉高了全體業務人員適用的紀律標準。」她解釋。

「然後呢？」我問。

「然後什麼也沒有。」她說。

「什麼也沒有？」我狐疑地問。

「什麼也沒有。」副總說的很明，「這個十二月比前一年更糟，然後是一月，情況更加惡化。二月和三月繼續下滑，四月是我們三年來非常糟糕的一個月之一，三年前，我們的規模還只有現在一半。」

「真的很糟糕，」她嚴肅地說，「市場大好，競爭對手表現不錯，我們卻失掉市佔率，但我們的產品確實比人家好，真是沒有道理。」

「真的。」我附和，「讓我們來深入檢討。」

坦白說，我有點擔心我可能無法解決這個問題。

接下來這個星期，我和七位帶領業務團隊的地區經理會談。他們分別派駐兩個中心，每一個人都帶領五到十四人的業務團隊。業務團隊成員負責打電話，他們人坐在客服中心辛勤工作，追蹤網路、平面廣告和郵寄文宣帶來的推介。他們相對年輕，但是積極奮發。有些人過去幾年來已經賺得高額佣金，有幾十萬美元之譜。地區經理（他們的職稱上有地區一詞，是因為手下的業務人員各自負責國內某個地區）也都是很出色的人，除了其中一人，其餘都是從客服中心一步一步升上來的。至於沒有待過客服中心的那一位，之前則是現場的客戶關係代表，為了追求更高的薪水才轉換跑道。說起來，他們都很了解公司，從自身的經驗與業務副總的調教之下，他們可以說非常清楚公司的狀況。

我深入探究客服中心，以便深入了解。在其中一個客服中心時，我請四位地區經理和我一起開會，以找出相關的事實。

「各位認為發生了什麼事？」我直截了當地問。

「不知道。」其中一人說。

「沒有人要發言嗎？」我問。

「沒有。」另一位回答。

「完全沒想法嗎？」我又問；我的聲音聽起來應該很絕望。

一群人安靜地坐著，最後有一位經理說話了。

「我們也有很多想法，我們也做了很多我們知道能帶動銷售的努力，」這位地區經理說，「我們認為，或許是因為業務人員沒有正確介紹產品或者並未有效克服障礙，因此我們鑽研推銷劇本，寫得毫無缺點。他們完全理解，也知道不可偏離。之後，我們看到他們很快就在價格上讓步，他們給客戶根本不需要給的折扣，害得我們少賺利潤。因此，我們加緊控制。他們如今在定價上的餘裕少很多，我們也提高他們應該撥打的電話數量，他們也在做了，他們每天撥打的電話多了約三成。他們什麼都做到了，但我們還是不斷失去吸引力。」

「每個人嗎？」我問，「每個業務員的業績都衰退嗎？」

「對，每一個。」另一位經理插進來，「而且，聽好了，我們懂什麼叫絕對責任，我們有讀那本書，但我要告訴你的是，我們需要新的產品功能……我們要從科技上來提高贏面。」

「但業務副總告訴我你們的產品確實比競爭對手都好。」我反駁。

「對，」這位經理說，「但沒有新東西。我們需要能當作賣點的新東西，這就是我們需要的。我要說，我們的業務人員能做的不會比現在多太多，現在這層樓的那些人已經像機器一樣了。」

我點頭。少了某些東西，但我不知道是什麼。「好吧，」我對他們說，「讓我看看能不能找到答案。」

隔天，我去和實際撥打銷售電話的業務人員相處，我在他們打電話的時候認真聆聽，並提些問題。每位業務員聽起來都非常專業，幹練圓熟。他們的用詞都是劇本上寫的，但是他們自然而然說出口，你幾乎不會注意到他們所有人說的根本是一模一樣的東西。一開始，我很佩服，真心佩服。每一位銷售員都應該得到奧斯卡獎。

但他們能贏得的也只有奧斯卡獎。我聽完一位又一位業務員講著電話、被客戶拒絕，終究未能成交。他們介紹產品時很流暢，但是沒有引起任何興趣。就算某個潛在客戶感興趣，但多數業務員即使表現出劇本上寫的正確回應，也無法突破客戶的拒絕。至於真正突破障礙成交的業務員，他們為了拿到案子在討論定價時也辛苦萬分。一整個早上，我只看到三個案子成交。

最後，中午時我讓他們休息一下去吃個午餐。我們一起去漢堡店、點餐，然後坐下來用餐。

「到底是怎麼一回事？」我提問，打開話頭，「你們都表現得很專業，銷量卻一直下滑，有人有任何想法嗎？」

「我倒希望我知道答案！」一位年輕的業務人員說，「這真是要了我的命。如果我再不開張成交，很可能無法繼續保住飯碗了。」

「我的情況也一樣，」另一個人插話，「如果再不改變，我可能撐不住了。」

這一群人每個都大搖其頭。

「你們現在做的事和六個月前有什麼不一樣？」我問。

「我認為跟我們做的事情無關，我們愈來愈好。」一位名叫強納森（Jonathan）的業務人員熱切地說，「我們更好了。我們更謹守劇本和定價，也遵循克服障礙的方法。我們亦步亦趨跟著。我們就像是銷售機器一樣，但是業務量還是倒退。」

機器，這是我第二次聽到有人把業務團隊稱為「機器」。我注意到這一點，但還不懂其中的意義。

「如果你們完美做到每一件事，那你們犯了什麼錯？」我問。

桌邊安靜了一分鐘，最後，其中一位最資深的業務人員維傑（Vijay）發言了：「那就是我們犯的錯。」

「什麼？」我問。

「那個。」他說，「我們完美做到每一件事，就像機器，像機器人。」

碰，我恍然大悟。就是這個，維傑說對了。

「太完美？你這話是什麼意思？」另一位業務員問。

我注意聽維傑講話，看看他說的是否就是我在想的。

「我是說，我們太過完美去做每一件事。我們讀劇本、我們回答問題、我們克服障礙、我們謹守定價模型。且讓我問大家一句：上一次你讓電話那一頭的人笑出來是什麼時候？」維傑問大家。

這一群人臉上完全一片空白，他們的沉默清楚地說出了答案。很久都沒有人能讓潛在客戶笑出來了。

「那麼，你們和客戶之間建立的關係是哪一種？」我問。

「就是這個！」維傑說，「根本沒有關係可言。」

「你們在追求完美時，有沒有可能過於完美，於是變成機器、機器人了？」我問。

「我們都知道客戶聽到機器打的推銷電話會怎樣，喀嚓，掛斷。」維傑說。

他說對了，就是這樣。領導團隊想要拉抬業務時，他們做了自認為對的事。他們預設為積極行事，設定極嚴謹的標準作業程序。當他們這麼做，就太過了頭，剝奪了業務人員在前線的因應彈性。業務人員不能因應潛在客戶的反應並建立起某些關係，必須謹守劇本，一而再、再而三地給予對方同樣的回應。他們很擅長讀銷售劇本，聽起來也很有說服力，但是如果不能和潛在客戶展開真正的對話，那就什麼都不重要了。

這還不是唯一的問題。隨著我愈挖愈深，我還發現其他狀況。定價模型消除了所有彈性，有時候，有些潛在案子只要一點點推力就能在電話上成交，但前線業務人員卻什麼也做不了。沒辦法拿出特別折扣也沒辦法用任何方式更動價格，業務人員常常必須眼睜睜看著有興趣的顧客離去。

最後，由於公司提高每天的基本推銷電話數量並嚴格執行政策，業務人員在講電話時很容易一下子就放棄。如果他們察覺到任何無法成案的訊息，就再打另一通電話，這樣才能達到要求的最低通話量，以免受罰。這根本不是他們所謂的做得更好，做得更好是要花時間和潛在客戶說明並培養關係，這樣才能提高成案的機率。

帶著這些回饋意見與訊息，我回頭去找業務副總，並和她徹底討論問題與解決方案。

「紀律太多了？」她啞然失笑，「我沒想過會聽到你說這種話，喬可！」

「我是不常這麼說。」我說明，心裡知道我活該被嘲弄，因為我常常推銷紀律的優越之處。「因為通常的問題都是缺乏紀律，但是在貴公司，恰好是往另一個方向失衡。前線部隊沒有自由度去做些事，在戰場上無法機動行事，無法針對地面上的情勢調整與適應，或者，以貴公司的情況來講，是電話裡的情勢，這樣一來，業務人員就無法和潛在客戶培養出關係。面對棘手的潛在客戶時，他們沒有能力提出任何定價折扣，只能像機器人一樣行事，公司嚴格執行每個人每天都要撥打固定推銷電話數量的政策，他們在通話時更加著重於交易，但他們根本不應該如此。你是銷售大師，如果你必須隨時隨地固守劇本，會對你造成什麼影響？」我問。

想到現實狀況，她沉默了一分鐘。

「會很難成交，」她承認，「我應該要知道這一點的。每一位業務員都不同，客戶也是，連每一通電話都不一樣。透過電話培養關係的能力至為重要，而我卻奪走了他們的這種能力。是我的錯，我需要負起責任。」

我笑了。「確實，你要。」我同意，「那是絕對責任。這樣有用，並不是因為你說你要負責，而是因為現在你會負起解決問題的責任。」

「對，我會。」她說。

接下來幾天，我們合作擬出一套新計畫與訓練方案，不強調讀劇本，反而把重點放在和潛在客戶（也就是電話另一端的人）培養關係。此外，公司也改變指標。他們不再追蹤打出去的推銷電話數量，而是花在和潛在客戶通話的總時數上，這有助於帶動好的對話，應能將更多推銷轉化成銷售。最後，他們放寬定價模式，讓業務員擁有更多自由度去因應有興趣的潛在客戶並順利結案。

業務副總迅速推出新計畫，也看到銷售額隨即提高。如今在紀律和自由之間求得平衡，局面也回歸正軌。

Chapter 8

讓人負起責任，但不要掣肘

喬可・威林克

2003
伊拉克巴格達
Baghdad, Iraq

噠——噠——噠——噠——噠——噠——噠——噠——噠——噠！

點五〇口徑的M2機槍（我們暱稱為老乾媽）正把憤怒射進這座城市裡，這還不是唯一的火力。我們的悍馬車隊迎擊了敵軍的小型武器火力，他們從我們駛過的高速公路附近的一棟建築物裡開火。二〇〇三年秋天，我們人在巴格達，此時正值伊拉克戰爭的初期。我們的悍馬車沒有武裝，我們拆掉帆布車門，把座椅改成朝外，這樣我們就可以手持武器掃描威脅並與之交戰。面朝外也讓我們的防彈衣面向可能的敵人砲火，保護我們免受敵人子彈衝擊。老乾媽架在塔台上、亦即每一輛悍馬車上方的圓孔，由一位海豹隊員操作，機槍手要站著，胸部和頭部都會伸出車頂。每一輛悍馬車後方的長椅上都坐著海豹部隊攻擊手，他們帶著中型機槍，架在鉸接式擺動臂上，行進間也可精準射擊。

射擊一開始，無線電裡就傳出呼叫聲。

「右方發現敵人！」

這讓大家都知道敵人攻擊我們的右方。手上有武器就位的人，隨即展開報復式的還擊。幾十把機槍噴出火焰與曳光彈，Ｍ４來福槍也一起發射。我們布下優勢火力網，會逼得任何和我們交戰的人深深後悔當初的決定。

我們射擊，並不表示車隊就要停下來，甚至連減速都不會。開火時，無線電也快速傳來呼叫聲。

「穿過，穿過！」這代表我們事實上要加快速度，越過敵軍埋伏的區域，我們也正在這麼做。經過幾百碼的距離，我們離開了埋伏，無線電裡也傳來停止射擊的呼叫聲：

「停火！」

我們繼續走，返回巴格達國際機場外圍區的基地。一抵達基地，我們就替悍馬車加油，為了下一次任務作準備，然後返回院區做簡報。

這場簡報並不重要。何必呢？我們又一次成功挺過敵人的埋伏計畫，又一次粉碎他們，他們並沒有傷到我們任何一位弟兄。在伊拉克戰爭早期，我們還沒有對上組織嚴密、戰鬥經驗豐富且資金充沛的叛軍；要等到三年後，布魯瑟任務小組才會在拉馬迪對上這種等級的敵人。較早的這一次，敵人的組成份子大概都是罪犯、暴徒、前海珊政府成員，他們到處跑來跑去，試著製造問題，但對我們來說不是大問題。我們受過精良的訓練，我們積極行事，我們在執行任務時具有遠遠超越敵軍的優勢。我們執行的多數行動是所謂的「直接行動」任務，目標是逮捕或殺死計畫與執行攻擊美軍、伊拉克安全部隊或伊拉克過渡新政府的可疑分子。

我們會收集情報，把所知的訊息傳給其他情報來源，設法確認和可疑恐怖分子相關的最重要資訊：他們的位置。一旦找到位置，我們就開始計畫突襲。

突襲行動相當直接。我們會把車輛停在事先指定的地點，徒步巡察走到目標地區。一旦來到目標區，我們會用各種方法突破外牆阻擋進入院落，有時候是繞過牆，有時候是突破門口長驅直入，有時候兩種方法一起來。幾分鐘內，我們就掌握了目標建築物，消弭了所有潛在威脅。

當然，根據特定目標的差異，每一項行動的規劃也有些許不同。我們會改變執行行動的計畫和戰術、技巧與程序，但在此同時，我們一定會穩守領導戰鬥的基本法則：掩護與行動、簡化任務、判斷狀況的緩急輕重與執行和釋出指揮權。

掩護與行動讓我們在前往目標地或返回時可以安全調度，我們每次行動時都會用上這項基本但重要的戰術，擬定的每一套計畫中也可見其蹤跡。我們在做計畫時也會簡化任務，雖然有時候會很想運用較複雜或更迂迴的戰術，但我們總是選擇最直接的行動方針，讓每一位成員都明確知道要如何執行計畫。規劃階段我們會判斷狀況的緩急輕重，確保團隊把心力匯聚在目標當中最重要的面向上，也會把資源放在這裡。最後，我們做計畫時也會釋出指揮權，資淺領導幹部負責研擬支援部分，然後由我們整合成一套全面性的計畫。

除了作戰法則之外，我們在行動時也會運用詭祕、出其不意與暴力，確保我們在面對敵人時盡可能佔到上風。我們從來沒有想過要公平對戰，我們的任務是遭遇敵人時盡量放大優勢，也會窮盡所有能力來達到這個目標。

我們的戰術和計畫通常會讓敵人心驚膽戰、困惑迷糊，無法明智地防禦。我排裡的每個人之前都沒有戰鬥經驗，因此，有機會實際演練我們學到的所有規劃與執行行動知識，是一件讓人欣慰的事，因為我們擔負起重責大任，更因為我們做足了長期的訓練和準備。

這很棒，棒在我們在熬過多個未有戰事的「枯燥年頭」後，終於可以做一點實事，棒在我們發展出極具成效的穩健戰術，棒在我們能以更優越的武器、戰術和訓練壓制敵方。我們自覺像搖滾明星。在我們參與的少數幾場戰鬥中，敵方根本毫無勝算。到目前為止，我們只有一人受傷，而且相對來說是小傷。我們自己攻無不破、戰無不勝。

感覺超棒。

我們接下愈多任務，信心就愈高。我們開始提高要求，要更快速完成任務，要超越極限。

我注意到幾個人為了讓自己的行動更迅速，開始減輕裝備。我們之前從沒遭遇過持久戰，因此帶的彈匣少了。敵軍的抵抗行動不算頑強，我們沒有用到過手榴彈，因此攜帶的數量也少了。弟兄們開始減少攜帶的飲用水，因為我們總是快速完成任務，附近也總有車輛待命，裡面有多個大型的五加侖水壺，水量充足。我們之所以輕裝出動，是因為相信這樣的話行動會更快速。我們可以從門窗出入，以更高的效率追蹤從目標建築逃走的壞人。我們希望把工作做得更好更有效，我也認同。

但傲慢也跟著悄悄出現。我們開始認為敵人根本動不了我們一根汗毛。

有一天，在執行任務之前，我和一位弟兄談話。

「我們來去逮他們！」我對他開著玩笑，並拍拍他的背，然而，我沒有拍到我們穿在前胸後背的防彈背心扎實感，只感覺到軟質網狀防護衣。我抓起網狀防護衣，並壓一壓以做確認，他確實沒有將防彈背心後背板裝在網狀防護衣的夾層內。

「你的後背板呢？」我問他。

「我拿出來了。」他說。

「你拿出來了？」我不可置信地問他。

「對，我拿出來了。」他無所謂地說，「那太重了，不穿的話我的行動更敏捷。」

我很震驚。沒錯，前後板約重七磅（約三．二公斤），真的很重，但是能阻止子彈射入身體，救你一命！

「對，那如果你被射中怎麼辦？」

「我不用逃跑，」他有點挑釁地說，「敵人不會射中我的背。很多人都拿起來了。」

他一邊說，一邊聳聳肩，說的好像這是一個很有道理的好主意。

「很多人？」我問他。

「對，我們想要快速行動。」他說。

我的某些弟兄沒有穿戴完整的防彈衣；防彈衣是關鍵的救命裝備。

笨蛋，我在心裡對著自己說，這真是一群笨蛋！

然後，我恍然大悟，這全是我的錯，是我該負責確認我的人每一次上戰場時都有正確的裝備。我們不再檢查裝備，所持的理由是他們要自己負起責任。我們的行動節奏太快，我也不一定有時間檢查每個人的裝備。當然，我、我手下的排長和士官長也沒有經常檢查彼此裝備。我們有時候為在收到任務之後十五到二十分鐘內就要出動，不可能每一次都檢查每一個人的裝備。要讓每個人穿戴全副武裝，包括可以防範他們遭到背後射殺的防彈衣背板，一定有比要求他們自己負起責任更好的作法。我知道答案，解決這個問題的重點不在於負責任，而是和團隊裡的每個問題解法相同：重點是領導。我必須領導。

幾分鐘後，我們都圍在磁鐵板旁等著點名，為接下來的任務做準備，之後要把裝備放上車輛然後出發。一旦士官長點完名，我就會發表出發前的最後講話。

「請記住我們是要快速肅清目標，」我說，「此地情勢險惡，我們不會希望這附近的敵軍在我們離開時有時間算計我們。」

「還有，最後一點，」我強調，「如果有誰沒有穿上防彈背板，請穿回去。現在就穿，每個人都要穿，懂了嗎？五分鐘後上車，動作吧。」

大概只有五、六個人匆匆跑回自己的帳篷去拿背板，但就算是五、六個也太多了。幾分鐘之後，我們要登上悍馬車，出發執行任務。事情很順利，我們打擊了目標，然後回到基地。做行動簡報時，我處理了背板的問題，我沒有大吼大叫，也沒有威脅用持續檢查每個人的裝備硬要他們負起責任。我知道負責任不是重點，我們也沒有時間在每一次行動之前要每個人負起責任；反之，我說明為何穿戴背板如此重要。

「我知道有些人不穿背板，對嗎？」我環顧會議室，有些人點點頭。

「壞主意，」我繼續說，「這是個壞主意。為什麼不穿背板？」我問其中一人。

「想要輕一點，」他說，「負重愈輕，我們行動愈快。」

「我懂了。」我回答，「但你們能比子彈更快嗎？」人群裡發出一陣笑聲。

「是這麼說沒錯，但我又沒有要跑贏子彈。」一名年輕、充滿自信的海豹隊員說，「事實上，我根本不用逃跑，敵人也看不到我的背。」這些話也引起這一群人的共鳴，有些人點點頭並露齒微笑。我甚至聽到後方有些人說：「就是說嘛！」這是很大膽的說法，很有自信的說法，很勇敢的說法，而且已經越過了大膽、自信和勇敢的界線，變成了趾高氣揚、傲慢自大。

我懂這位年輕的海豹隊員為何會得出這番結論，排裡的其他人又為何和他心有戚戚焉。我們才打完一場仗贏了敵人，還贏得漂亮輕鬆。我們只有被射到幾次，而且都無關緊要。我們主導局面，自覺無人動得了我們。

「好，我很高興你們不用為了躲敵人而逃跑，我想這個房間裡面的人都不需要。」我對這一群人這麼說，而我也真心這麼認為。我們是很堅實的一排。

「但且讓我問大家一個問題，」我繼續說，「你們永遠都知道敵人在哪裡嗎？你們永遠都認為敵人一定在前方嗎？難道你們沒想過我們會中埋伏或者被人從後方側翼攻擊，或者很可能被從意外方向飛來的子彈射中？」

房間裡安靜下來了。這種事當然有可能，而且隨時隨地會發生。

「聽好了，我很高興看到大家把敵人打個落花流水，」我說，「以後我們也會把他們殺個片甲不留。但是我們不可傲慢自滿。敵人或許從來都不曾贏過我們，但在此同時，下一次任務時他們很可能就佔了優勢。輕裝很好，讓我們可以快速行動，但快速行動不能阻止子彈射入你的背、害你丟了命。而且，重點不是你這個人、你有沒有危險，如果誰被射中了，這代表必須要有人背傷者。想一想，在激烈的槍戰中，我們希望輕盈快速時，這會把大家的速度拖慢多少。」

「而且重點還不只是這樣，」我說，「如果我們當中有誰喪生，那就是敵人的勝利。更重要的是，這是美國的損失、海軍的損失、海豹部隊的損失，以及各位家人的損失。我們需要竭盡所能來防範這種損失，包括穿上所有我們能有的防彈保護，懂了嗎？」

屋子裡靜了下來，我講完我的重點了。

部署行動繼續，我們還是沒有時間檢查每一個人的裝備，但我說明了論點，確認每一個人都明白他們至少要配戴上的裝備是什麼。他們也理解某些品項並不容你選擇要不要，還有，更重要的是，他們懂了為什麼不容選擇。一旦部隊理解為何救生裝備這麼重要、又為何影響的不只是個人還包括整個任務，他們就一定會穿戴正確的裝備，不僅如此，更會準備好裝備隨時可上陣使用。

之前做不到，是因為我「要他們自己負責」；現在做到了，是因為如今他們理解為何這項裝備對於他們自身、任務和整個團隊來說如此重要。現在，他們自己要求自己負起責任。此外，當部隊理解背後的緣由，他們也得到了力量，利用這股力量，他們開始警惕自己與彼此，這樣就能重複確認，並整合每個人所做的事。

這也不代表我就不檢查裝備了。這是一種二元性：**領導者希望團隊成員出於理解原因而自我警惕，但還是要透過某種程度的查核來讓大家負起責任，以確保大家不僅懂了為什麼，也真的有據此行動**。正因如此，我的排長、士官長和我本人還是會在行有餘力時經常檢查裝備，但是，這並不是我們讓大家負起責任的主要機制。我們不需要抓著部隊兄弟的手，才能確保他們都有負起責任。他們會要求自己負責，這有效多了。

排上弟兄理解遵循標準執行任務的重要性，以及違反裝備規定列表對於整體任務有何影響之後，我們就不需要僅仰賴裝備檢查了。每一位成員都會對同儕施壓，約束其他人的行為。來自團隊內部的同儕壓力，遠比我從指揮鏈上方施加的壓力更有用。

讓部隊理解理由，並設下外在機制讓每個人負起責任，兩者達到平衡時，團隊就能交出最好的成績。我親自見證，在之後的部署期間內，從不曾再抓到任何一個沒有穿好防彈衣的人。

法則

讓部屬負起責任是領導者必須善用的重要工具，然而，這不應是唯一的工具，還必須以其他領導方式加以均衡，例如確認大家都理解背後的理由、賦權給下屬，並相信當他們完全理解這麼做的重要性之後，即便沒有人直接監督也會自動做對的事。

可惜的是，領導者通常認為，要求部屬負起責任就能解決所有問題，而某種程度上他們也是對的。如果領導者想要確保部屬會徹底執行整個任務，可以不斷地查核，以確認任務順利完成。如果監督做夠了，任務能百分之百成功，也因此，領導者通常想透過要求部屬負起責任去解決問題，這是一種最明顯也最簡單的辦法。領導者叫部屬去執行一項任務，領導者好好監督部屬執行，完成之後由領導者查核，這樣做幾乎沒有出錯的空間。

很可惜，這樣一來，領導者除了監督特定部屬執行特定任務的進度之外，也沒什麼餘力做別的事。如果有很多部屬同時做很多事，領導者在體力上很快就沒有辦法監督所有人。此外，當領導者聚焦在指揮鏈的下端且著重團隊內部時，就沒有能力往上看、往外看，看不到資深領導團隊如何培養關係與影響策略性決策，也無法向外推演策略性任務以預測未來的行動並理解相關發展。最後，當領導者無法在場直接監督時，部屬可能會、也可能不會繼續正確地執行任務。

領導者不要把要求部屬負起責任當成主要領導工具，而應當成眾多工具的其中之一。領導者不是只要求部屬負起責任，而是要領導。領導者必須確認團隊理解原因，確認成員把任務當成自己的責任，而且有能力在必要時做出調整，確認他們知道一己的任務如何支援整體使命在策略上的成敗，確認部屬知道自己肩負的任務對團隊而言有多重要，以及失敗會造成什麼後果。

說到這裡，並不表示領導者不應該設法要求成員負起責任。我們在《主管這樣帶人就對了》的第二章〈沒有糟糕的團隊，只有差勁的領導者〉裡寫道：「說到標準，身為領導者，任務不是要宣揚標準，而是容忍標準。」領導者必然要在最重要的面向堅守底線並樹立標準，這是要求負責這件事中的另一種二元性：有些時候絕對是應該嚴正要求部屬負起責任之時，當部屬理解了原因，知道這些事會如何衝擊任務也被賦予了責任，但他們的表現仍未達標準，此時領導者就必須堅守底線，這種作法才叫要部屬負起責任。領導者必須深入了解並綜理和任務有關的每一件事，導引部屬回到正軌。但領導者也不能一直停留在這個層次，**最終必須讓部屬有餘裕按照自己的內在動機行事。這是指，他們的動機不是來自於有人要求他們負責，不是因為領導者大小事都管，而是因為他們自己理解了背後的道理**。

領導者必須在兩方面之間求得平衡：把要求屬下負責任當作必要的領導工具，但不可以當成唯一的操作方式。如果大部分的領導都靠要求部屬負起責任，領導者要耗費很多時間和心力，也會限制了部屬的信賴、成長和發展。

領導者要在要求屬下負責任時求取平衡，教育團隊並賦權給成員，讓他們在即便沒有高層直接監管之下也能自律維繫標準。這正是主導局面、表現最傑出團隊的正字標記。

業界應用

「我叫他們做什麼，他們就是不做！」全國營運經理對我說，「他們什麼都不在乎！」

這家公司約三個月前開始使用一套新的軟體程式，以追蹤客戶安裝與使用自家產品的情形；他們的客戶都是中、大型企業。這是一套考慮周詳的系統，架在現有的平台上，現場的技師可以輸入安裝的設備、完成的測試、解決的問題以及系統的缺點。系統也可和公司的客戶關係管理系統互動，為業務人員提供客戶相關資訊，看看需不需要請客戶更新或升級。

「現場技師沒做的事到底是什麼？」我問。

「他們不肯用這套系統，他們不輸入資訊，他們跑到客戶端去處理安裝或是排除問題，他們做好自己的工作，然後……就沒了。他們在系統裡輸入最基本的資訊，沒有細節。」

「應該輸入哪些詳細資訊？」我問。

「重要的細節，不是指對他們來說，而是對後續做追蹤的人來說有用的資訊。」營運經理說，「一旦出了什麼錯需要另一個現場技師出去排除問題，如果知道之前的技師做了什麼事，就可以節省很多時間精力。此外，細節也對於業務人員很有幫助，當他們打電話給客戶告知有新服務或是可更新現有的服務時，如果不知道客戶之前有哪些歷程，他們就會遭受出其不意的打擊，會顯得好像公司根本沒有人在乎客戶一樣。如果客戶已經認為你的公司根本不在乎他們的感受，你試著推銷看看。」

「我看出問題在哪裡了，」我認同，「那，你為了要求他們去做應該做的事又做了什麼？」

「我們設計了一整套機制來查核員工應負的責任，」他說，「我們先從技師本人開始。我們要求他們要填寫詳細內容，這根本沒什麼效果。接著，我去找團隊領導幹部，告知他們我們希望軟體的每一個欄位都要填，而且我們還根據填寫的欄位數提供獎金。」

「這樣做的效果如何？」我問。

「我們花了很多錢，但沒什麼用處。」營運經理回答，「技師做了他們被要求要做的事：填寫每一個欄位。但是他們都只填寫一、兩個字，都是沒什麼價值的答案。」

「唉唷。」我說。

「對啊，唉唷。」營運經理也同意，「我們接著找地區營運經理。我們想，如果我們要求他們負起責任，他們就會想辦法做到。因此，我們對他們說，如果他們區內的技師不開始好好填妥各個欄位、提供有用的詳細資訊，我們就會把他們的銷售獎金調降百分之十。一、兩個星期之後，我們看到稍有起色，之後，大家又故態復萌，回到技師根本什麼都不填的狀態，多數欄位連一個字都沒有。」

「不太好。」我點評。

「對，非常不好。」營運經理說，「尤其是，為了設計、打造與建置這套新軟體，我們已經耗掉很多預算了。」

「好的，」我宣告，「且讓我們去和一些團隊領導幹部、地區經理以及前線技師談談，看我能找到什麼線索。」

接下來幾天，我召開多場會議，並到處走動，一路循著指揮鏈往下和每個相關人士談談。我一開始先去找地區經理，花不了多少時間，我就知道他們怎麼了。他們很努力要團隊幹部與技師負起責任，填寫每一個欄位，當中最明顯的動機，是他們被威脅銷售獎金會被打九折。但他們沒多久後就發現，如果技師多花時間去填寫這些欄位，他們沒辦法應付太多的安裝工作或客戶來電，做不了太多安裝工作，賺的錢就少了，這個成本遠高於不遵守規定獎金被扣的罰款。地區經理明白這一點之後反而退縮了，不再要求前線負起責任。

團隊領導幹部則是另一個故事。他們很忙，他們要掌控團隊的時程，這是一項大工程，其中包括了預約、取消、客戶人沒到、工作花掉太長的時間並干擾到其他項目，當然，還要處理技師請假與找人遞補的問題。除此之外，這些本來就是技術專家的人也要花很多時間和技師通話，排除比較複雜的問題。最後，他們也是第一個面對客戶申訴的衝擊點。產品或技師若有任何問題，都會直接先報到團隊幹部這邊，這些都是需要巧妙處理的申訴。有這麼多工作要處理，他們沒時間去做太多別的事，當然也沒有時間在每一次客戶服務之後登入每一位技士的螢幕，確認資料都輸入了。因此，即便他們理解確實需要這樣做，但就是沒有時間落實。

最後，我進入現場，和一些技師聊聊，他們也有一些大問題。首先，將資訊輸入系統要花很多時間，超過資深管理階層所想。在現場，不同地點的不同客戶手機收訊的強度也不同，在訊號不佳的地方，載入一個頁面耗時一到兩分鐘，總共要載入的頁面共有八頁，真的很耗時間。此外，每一個頁面一開始都需要重新輸入客戶名稱、地址和帳號，「複製貼上」並非解決方案，因為一次只能複製一個欄位，必須在不同的畫面上來來回回，耗費的時間可多了。最後，系統沒有把多數最常見的答案設計成選擇題選項，必須輸入文字，耗掉的時間更多。還不只這樣，最麻煩的是，前線的人根本不知道這些資料能為他們帶來什麼幫助。

當我把這些資訊回報給全國營運經理，他很震驚。

「好吧，」他的聲音很消沉，「要大家負起責任沒用，那怎麼辦？」

「現在你要領導。」我對他說。

他花了一分鐘消化這句話。

最後，他打破沉默，「那好吧，但我不知該怎麼做，我要如何領導？」

這是好現象，他很謙遜，坦承自己需要協助，而且也謙遜到願意開口求教。

「好的，其實沒這麼糟。」我回答，「還好，你有一群好部屬願意去做對的事。首先，你要徵詢他們的意見，看看怎樣才能把這套軟體設計得更好。做一些更動真的可以簡化工作，比方說提供一些選擇題。把客戶資訊從一個畫面直接帶到另一個，會很有幫助；這些技師每一頁都要輸入相同的資訊。頁面也可以減少，要簡化。我知道你們很少需要列印，那為何又要和書面格式相同呢？增加每個頁面的題數，技師就不用載入這麼多頁面；載入時要在現場花掉很多時間。這些都是我和你們四、五位技師談過之後的初步建議，我肯定，如果更廣泛徵詢使用者的直接回饋意見，會得到更多調整軟體的構想。」

「很有道理，」營運經理回答，「我想我們得到的回饋意見也夠多了。」

「可能一開始就夠了，」我說，「但是，像這種這麼複雜的問題出現在現場時，你需要持續收集回饋意見，以求不斷改善，這就是做事的方法。」

「懂了，還有其他建議嗎？」營運經理問。

「當然，」我說，「和前線工作人員討論這件事時，我最重大的發現是他們不知道為什麼要做，以及，最重要的，這對他們有何影響。」

「對他們有何影響？」他重複。

「對。此時此刻，他們並不懂。」我說。

「但他們知道這些資料能幫我們抓住客戶，讓我們能提升推銷的層級，賣出更高價的產品。」營運經理說，「顯然，這能讓公司獲利更豐厚。我們還能從哪裡賺到這些利潤？」

「好的，想一想你剛剛說的。」我說明，「如果公司多賺點錢，如果公司獲利更可觀，你想前線技師會在乎嗎？」

「我希望他們得要在乎！那是他們的薪水！」營運經理大喊。

「『希望』不是一種行動方針，」我說，「而且，從錢這件事來說，只要他們還在公司任職，不管公司是否獲利豐厚，他們還是能拿到薪水，根本不會受到影響。」

「他們還是應該要在乎。」營運經理堅持。

「當然應該，」我同意，「在一個完美的世界裡，每位員工都應該關心自家公司的獲利能力，但是事實上這些人還有其他事要顧。配偶、小孩、足球比賽、帳單車貸房貸、星期五的比賽、壞掉的熱水器還有小孩即將上大學，他們有太多事要管，不管你喜不喜歡，但公司的獲利能力並不在他們的優先事項清單上。」

「那麼我們該怎麼辦？」營運經理問道，「如果他們不在乎，那他們哪會多付出？」

「他們必須理解背後的理由，而這個理由的源頭必須連回到他們身上，對他們來說有切身利益。」

「我要怎麼做到這一點？」他問，「我如何能讓他們在乎公司的獲利能力呢？」

「你必須徹底想一想，」我說，「就像這樣：如果你能掌握到你想要的數據，就能為現場的技師和業務人員提供更好的支援，對嗎？」

「絕對是，這就是整個重點所在。」營運經理同意。

「如果技師和業務員能得到更好的支援，他們就把工作做得更好，對吧？」我繼續說。

「一定的。」他回答。

「好的，」我說，「現在請跟著我的思路：有了這些資訊的協助，技師能為客戶提供更好更快的服務，業務人員能銷售更多產品給更多客戶。提供更佳的服務加上售出更多產品，企業就會成長，企業成長，就能賺更多錢……。」

「我就是這樣說的！這要怎麼運用？」營運經理插話。

「聽好了，」我對他說，「公司賺更多錢，就能在廣告和基礎建設上多做投資。多投資廣告和基礎建設，就能贏得更多客戶並為他們提供更好的支援。整家公司的表現愈好，能得到的客戶更多，能得到更多客戶，技師要做的工作就更多，這代表了有班可加和有加班費可拿。當公司的產能達到最大，就需要更多技師。需要更多技師，就要支付更高的薪水留人，這表示長期下來，我們會替技師加薪，尤其是有經驗的。最後，公司的技師和客戶愈多，就需要愈多團隊領導幹部和地區主管，這也就等於讓公司的每一位技師有了晉升的管道。公司的獲利能力高，會讓業主荷包滿滿，但前線技師不會太在乎這一點，比較重要的是，獲利能力會直接影響技師：讓他們有機會賺更多錢、加薪與在職涯路上一路往上爬。這一條線把所有的事情都串起來，牽引公司裡從企業領導團隊一直到現場技師的每一個人，這就是領導。」

營運經理點點頭。靈光一現，一切都清楚了。

接下來的兩天，我協助他整合出一份簡單明確的簡報，推演理由的脈絡。我們也談到他偶爾會查核大家的執行情況，以確保確實完成所有工作；這裡還是會有一定程度的外顯責任，但是多數要負的責任都是內在的，從帶領成員的人到現場技師本人，現在他們因為理解了理由而得到了力量。當他們完全理解影響以及自己能直接受益之後，就會幫忙照看，讓彼此也負起責任。

幾天後，全國營運經理在全體大會的晨會中簡報計畫，也請一位精通技術的地區經理負責彙整和軟體系統相關的回饋意見，以利改善。最重要的是，他說得很清楚，收集資訊能讓公司每一位成員受益，讓他們盡力發揮所長，最後這一點能讓每位員工的人生變得更美好。現在整個公司都理解了這一點，所以他們將很樂於去執行。

PART 3

自我平衡

Chapter 9

要做領導者，也要做跟隨者

萊夫・巴賓

2006

伊拉克拉馬迪中南區
South-Central Ramadi, Iraq

運河裡的水緩緩流動，籠罩在周圍的一片沉寂之下。夜色很黑，肉眼什麼都看不見，只有遠方遠離河岸的內陸有幾盞還沒有被子彈或路旁炸彈碎片打破的路燈。透過夜視鏡的綠光，我們看到兩岸的蘆葦連綿不絕，河岸後方的棕櫚樹叢和拉馬迪市區四處散布的建築和牆壁也清清楚楚。手上武器發出的雷射光，掃描著狹窄水道的兩岸，尋找潛伏著打算突襲的敵軍。

我們的四艘動力船組成隊形緩慢地前進，謹慎地放低音量並注意燈光，不要洩露了我們的蹤跡。這些船是美國海軍陸戰隊小型任務小組河上船（U.S. Marine Corps Small Unit Riverine Craft，簡稱SURC），負責駕船和操作重型機槍的則是陸戰隊隊員，他們正載著我們這一排海豹部隊布魯瑟任務小組和指派給我們的伊拉克士兵，另外還有來自海空火力聯絡五組（5th Air-Naval Gunfire Liaison Company）的海軍陸戰隊第六支援聯絡小組（Supporting Arms Liaison Team），他們的指揮官戴夫．柏克少校是我們這一群裡階級最高的人。他是一位出色的領導者，也是海軍陸戰隊的戰鬥機飛行員，在伊拉克和阿富汗都曾駕駛過飛機執行戰鬥任務。他是捍衛戰士的訓練教官，想去哪裡就能去哪裡，但他自願加入地面部隊的行列，擔任前進空中管制員。他可以選擇去伊拉克很多地方，最後決定來到拉馬迪。我們很高興能和戴夫以及他的陸戰隊弟兄並肩作戰，得到他們提供額外的火力和支援；他們可是非常出色的團隊。戴夫的階級雖然比我們高，但我身為負責海豹部隊第三排的軍官，是地面火力指揮官，負責陸地上所有事務，徒步進入拉馬迪最動盪的地區之一巡察，和敵人交火時要自己撐上幾個小時，期間不會有友軍過來協助我們。要執行任務、對抗人數不確定的敵軍，我們唯一的火力只有背上扛的武器。為了減緩風險，我們帶了大隊人馬，那是我領導過人數最多的團隊之一，將近五十人。人數上的優勢讓我們可以自保，等到戴夫聯絡到飛機，並導引他們飛過來支援我。

我們靠著船隻行進，緩解了遭到土製炸彈攻擊的風險，這種路邊炸彈是敵軍愛用的武器。然而，運河狹窄，可能約四十五公尺寬，船上的每個人都完全暴露在外，後方完全沒有任何可隱藏之地，面對可能出現在我們眼前的叛軍攻擊者，我們也毫無掩護，難以防範任何潛在的火力襲擊。我們僅有的優勢是天色幽暗以及出其不意。此時此刻，一切都安安靜靜，我們沒有觀察到河岸邊有任何動靜，然而，氣氛極為緊繃。在蘆葦後方，運河兩岸的城市都屬於蓋達組織（al Qaeda）。我們所到之處什麼都沒有，只有一座毀於戰爭的城市裡一個又一個的街區，這裡好幾個月都沒有任何美軍或聯合兵力，被忠於伊拉克蓋達組織的殘暴、殺人不眨眼叛軍牢牢控制住。

我們應該是第一批在該地的美國駐軍，我們的任務，是在美國陸軍第一裝甲師第一旅第三十七裝甲團第一營的大盜任務小組開著重型坦克與車輛，駛入全世界最危險的這條路時掩護他們；從統計上來看，這裡發生的土製炸彈攻擊事件比伊拉克其他任何一條路或任何地方都多。我們是前導部隊，這一小群人替主力部隊打頭陣，後方有幾百名美國陸軍和陸戰隊弟兄、約莫五十輛坦克還有幾十輛重型車輛，勇往直前要在敵軍地盤上建立小型的美國戰鬥前哨站。離我們登船幾個小時後，掃雷小組的重型武裝車輛會在凌晨黝黑的天色緩慢謹慎地沿著路走，辨識並清除炸彈，替M1A2艾布蘭主戰坦克與M2布雷利戰車清出一條路。戴夫的任務非常重要：他和他手下十二位陸戰隊隊員（包括一位海軍醫護兵）要陪著我們，控制上方的飛機，萬一我們遭到敵方攻擊（這種事情很有可能發生），那是要讓我們撐幾小時的僅有支援，以便等待坦克部隊抵達。

當我們來到預先規劃的插入點，兩艘船安靜地駛向岸邊，另外兩艘則以點五〇口徑重型機槍、M240中型機槍與GAU-17迷你砲機槍★掩護我們的動向，我們把這些河上船的船頭放低，放到泥濘的河堤上，船身負載極重，我們只能盡量安靜行事；每個人都背著頭盔、防彈衣、武器、無線電，帆布背包裡也有足夠的飲水、食物、彈藥和備用電池，要在伊拉克最危險城市裡的最危險地形進行四十八小時的「追擊」，這些都是必要裝備。如果我們得不到空中支援，就得自立自強迎擊幾百名武裝完備、戰鬥經驗豐富的敵軍攻擊；這群人早已佔據城市的這個區域，以恐怖、威嚇與謀殺等殘忍手法控制此地區的平民百姓。

我們知道他們人就在這裡，等著、看著、聽著。我們在蘆葦叢中行進，往上爬到一處棗椰叢隱蔽處，挪出空間，讓其他團隊能在我們身後跟著下船。第四排的先鋒克里斯．凱爾一馬當先，我緊接在後。我們停了幾分鐘，單膝跪下，一邊傾聽周遭的動靜，一邊掃描這個地區看看有沒有威脅，手上緊握著武器。沒有發現任何波瀾。

我和克里斯豎起耳朵聽敵人的動靜時，聽到後方有人打開我們用來互相溝通的班組無線電，但我沒有聽到聲音，只聽到設備吱吱作響的干擾聲，以及這名班兵因為背負背包和戰鬥裝備辛苦跋涉的沉重呼吸聲。這叫「熱麥克風」（hot mic），指的是誤觸無線電的通話鍵，如果換成平民版與手機，那就是誤觸「撥出鍵」，差別在於，這種事發生在戰場上可不是只有討人厭而已，還有礙團隊間傳遞重要的通訊，耳旁持續不斷出現無線電噪音也有損我們偵測敵人動向的能力。

「熱麥克風，」我打開我的無線電，盡可能輕聲細語，想要提醒一下這次的意外呼叫，「檢查裝備。」

沒人回應，熱麥克風的現象也繼續，這很麻煩，也惹火了我，但我也不能怎麼辦。

我在等清點完人數的信號；這代表每一個人都成功下船了。收到信號，我打個手勢，示意往外巡察。身為先鋒的克里斯搶先往外移動，他領導隊伍巡察一些小型建築物的四周，並穿過棗椰樹走向一條與我們行進方向垂直的道路邊緣。這是開放區域，沒有樹木也沒有遮蔽，我們必須越過去。越過這條路之後就變成城市地形：拉馬迪市中南區垃圾四散、塵土飛揚的大街小巷，以及有牆圍起的院落和房舍。這裡是敵軍的地盤，我們想要奪回來。

要穿過開放區域道路到達另一邊以及後方的建築物，約有二十七公尺，我們說這是一種「危險穿越」。我們需要武器掩護巡察隊的行動，因為穿越開放區時巡察隊很可能會暴露行蹤，容易受到攻擊。負責掩護的人帶著武器一就位，我和克里斯隨即對彼此點點頭，

★ M134 GAU-17 迷你砲機槍：是一種使用 7.62 × 51 釐米北約彈電動擊發的武器，透過六個輪動的槍管，每分鐘可以發射四千枚子彈。

盡可能安靜但也盡可能快速穿過街道。一到了另一頭，我們也就定位，掩護接下來在我們之後過街的人。等到他們都過來了，我和克里斯就要往前衝，忽然之間，克里斯伸出手打出信號，要巡察隊停下來。我跑到他面前。

「怎麼回事？」我低聲問他，想辦法在溝通時盡量降低音量。

「我的電池用完了。」他安安靜靜地回答。他的來福槍上的雷射照明已經不能用了，這項設備的功能是讓我們可以在黑暗中使用武器。這是非常重要的設備，少了它，克里斯就無法精準射擊，這是他身為先鋒最重要的職責。

我們身後還有巡察隊的其他人，約莫五十個人要穿越開放區域，而且要在敵人察覺到我們之前完成。

「我們不能停在這裡，」我說，「後面的人都在街上曝險。我們離目標建築物只剩三百公尺，我們繼續往前推進，你可以等到那邊再換電池。」

克里斯不太滿意，他現在處於非常不利的地位。但是，身為領導者的我，還有一整個團隊要顧慮。

克里斯不甘不願地再度讓巡察隊前進。我們移動時走的是一條有鋪設的路，這條狹窄小徑兩邊都有約二．五公尺高的水泥牆。在經過危險穿越之後，熱麥克風忽然就停了，因為一開始的肇事者調整了裝備。但此時我幾乎沒注意到變化。當下我們深陷敵區，眼睛盯著各個方向以防出現任何威脅。我們知道，一時半刻間就可能有人攻擊。

在這條路上，中間積滿灰塵的鋪設路面有一條淺淺的窪地，下水道就從這裡通到附近的小河，街道左邊則有一堆堆的垃圾堆在牆邊。垃圾堆是很好的土製炸彈藏匿地點，這種致命性的炸彈是敵人最有效的武器。為了保持淨空，克里斯明智地跳到街道的右邊，沿著牆行進，將整個巡察隊拉到右邊，以緩和威脅。

忽然間，我看到克里斯站定不動。在前方的他距離我僅有約十四公尺，他拿著武器瞄準一項明顯的威脅。威脅出現在轉角，在我的視線範圍以外，但是他無聲的信號很明確：有敵人。這完全是莫非定律（Murphy's Law）在發酵：克里斯的雷射瞄準系統沒電池可用，他能做的就是等我明白他的信號並採取行動。

我很快地上前來到克里斯身邊，移動時盡可能謹慎安靜。我立即就看到了是什麼阻擋他的去路：一名武裝的敵軍，臉上包著阿拉伯頭巾，AK-47來福槍已經就緒，備用彈匣就貼在第一彈匣旁邊，很簡單就可以裝填。對方可能距離只有約二十三公尺，正朝著我們走過來。此時此刻分秒必爭。雖然我們的人數比他多很多，但如果這名全副武裝的叛軍用他的自動步槍對我們開火，可以殺掉很多我們的人，特別是我們現在成的是緊密相接的巡察隊形。他往我們的方向轉過頭，他的來福槍已經蓄勢待發……。

砰！砰！砰！砰！砰！

我抄起我的M4機槍交戰，第一發打中了敵人的頭，他倒在地上時又接著射了幾發。克里斯奔向他，確認他已經沒有威脅性，我則移動到牆角提供掩護，對著這名敵軍過來的方向。出現一名敵軍，很可能就會有更多。

「需要機槍手上前。」我傳口令下去。我們海豹部隊的機槍手萊恩．賈伯隨時都熱血澎湃做好準備，要發射他的憤怒。他快速上前，把我擠下掩護位置，用他更強大、更有效的Mk48機槍取代我的來福槍。

「我們行動。」我下達指示。這場火拚雖然有其必要性，但是也讓我們無法攻敵人之不備。

海豹部隊第三排快速上前，越過倒在地上的敵人，前往後方的目標建築，我們要進去並清空這棟建築物，之後當作美國陸軍計畫的戰鬥前哨站。我們推著海豹隊員翻過入口，然後他們從旁邊開了門。我們其他人進入，快速清空建築物。取得建築物之後，狙擊手就射擊位置，機槍手則設置警戒。戴夫．柏克和他的陸戰隊弟兄跟著我們的小隊在主建築物屋頂上部署。

狙擊手和機槍手在黑暗裡仍然保持警戒，透過夜視鏡和武器的瞄準鏡監看，我們則花了好幾個小時等待土製炸彈掃雷小組過來；從市區到我們所在的地方約有半英里，他們負責清理這段距離主道路上的障礙物。他們過來時天色仍暗，散發出來的白色光束就像是電影《衝鋒飛車隊》裡的場景搬到現實中。「水牛車」（Buffalo）指的是一輛裝有重型機械武器的超大型武裝車，開始在我們佔領充當基地的建築物周圍街道上挖了起來。我從三層樓高的屋頂上向下窺伺，可以清楚看見大型火炮發射器的圓筒形狀，這些都是掃雷部隊從塵土裡挖出來的，叛軍整理好這些武器，變成強大且致命的土製炸彈。

我想到一句我在基礎水下爆破訓練班學到的話：「如果你可以看到爆裂物，它也可以看到你。」如果引燃這些火炮，大型的金屬碎片將會四處飛散，割斷它們衝撞到的任何物體，如果我繼續從屋頂窺伺，被割斷的也會包括我的頭。不太明智。我在屋頂的牆後方找掩護。

身為地面兵力指揮官，我要想出下一步該怎麼走：要往哪裡移動，才能在美國陸軍營抵達時為他們提供最佳支援。我從屋頂看到南方約三百公尺處有一棟大型建築，於是拉開地圖查看。我和第三排排長以及幾位重要領導幹部講這件事。

「我喜歡南向這棟建築的外觀，」我說明建築物的距離以及地圖上對應的建築物編號，「屋頂位置很高給我們絕佳的戰略位置，牆壁看起來很厚，應該足以保護我們免被子彈擊中。」

克里斯·凱爾不同意。克里斯不但是我們的先鋒兼首席狙擊手，而且，以這類「狙擊手掩護任務」來說，他的實戰經驗比我們當中的任何人都更豐富。

「我喜歡這棟四層樓的大型建築，」他一邊反對，一邊指向另一棟建築，方向完全不同，約在東方三百五十公里處。我們在地圖上找出這棟建築物的位置與其建築物編號。

我存疑，我覺得南向那棟建築物能讓我們取得優勢地位、替陸軍弟兄提供最佳支援並干擾敵方攻擊，又不會讓我們處於不利位置、要橫在敵軍與友軍之間。南向幾百公尺的地方更有另一處美國陸軍的戰鬥前哨站，地點就位在拉馬迪市邊緣的一個村莊。至於克里斯建議的東向建築物，後方只有一個又一個由敵人佔領的城市街區，要穿越之後才能到更東邊拉馬迪市動盪不已的馬拉布地區，那裡才有美軍前哨站。但克里斯認為敵軍會從東方發動大部分的攻擊。

掃雷小組終於清完土製炸彈開出了道路，大盜任務小組的坦克車隊也開始抵達。「主砲」麥克．巴吉馬和他帶領的鬥牛犬小隊是本次行動的主力，身為連指揮官的麥克，他首先抵達現場。大盜任務小組的領導幹部群再加上喬可，都登上了一輛布雷利戰車，他們隨後也到了。

我們向美國陸軍各組簡報情況，我也交出了我們幾小時前清空並佔領的建築物，交給「主砲」麥克和他的鬥牛犬小隊陸軍弟兄。

我仍未決定接下來應該怎麼走。我是資深軍官，這是我要做的決定；我的軍階比克里斯高，但我知道克里斯擁有我沒有的重要經驗與知識。我不是狙擊手，我之前的部署經驗不同於克里斯，他曾在費盧傑戰役中支援過美國陸戰隊的各小隊。

我雖然是主事的領導幹部，但我也體認到如果我的團隊要成功，如果我要成為好的領導者，我也必須願意跟隨。**領導並不代表一定要強推我的考量或證明我無所不知，重點在於和其他團隊成員合作，判定我們怎麼樣才能用最有效的方式達成任務**。我聽從克里斯的判斷。

「那好，」我對克里斯說，「我們就用你的計畫，前進到東邊的建築物。」他笑了。

破曉之前，在最後的黑暗掩護之下，我們巡察走過三百五十公尺的街道，進入他選定的四層樓高公寓建築。系統性地清空建築物之後，我們讓狙擊手和機槍手就位。

後來證明克里斯的建議正確無誤。在接下來四十八小時裡，我們多次阻擋敵軍攻擊剛成立的美國戰鬥前哨站以及附近的美國與伊拉克陸軍聯合巡察隊。我們的海豹部隊狙擊手確實殺死的敵人總計有十二名，另有幾名也可能已經被殺死。基本上所有的敵人行動都出現在東邊，南邊幾乎沒有動靜。如果我們選擇的是我原本屬意的地方，如果我因為「我是負責人」而忽略了克里斯的意見、駁回他的想法，我們的行動很可能沒什麼效果，基本上阻斷不了任何攻擊，那很可能使得我們的某些弟兄袍澤付出生命，包括海豹部隊、美國陸軍士兵和海軍陸戰隊。

在我的海軍生涯裡，我曾多次為了證明自己領導有方而不跟隨，這不僅沒有強化我的領導資本，反而造成了損害。在這些時候，我都必須努力挽回並重新培養他們對我的信任。

我新官上任擔任布魯瑟任務小組排指揮官時，剛向海豹小隊報到不久，就在早期的訓練行動中犯過這樣的錯誤。前往拉馬迪部署之前，我們在訓練期間要練習登船並在海上奪船的能力，稱之為「探視、登船、搜查與扣押」（Visit, Board, Search, and Seizure）行動。

接受訓練、為了在海上登船而做準備時，我們會規劃幾小時的演練，以融入標準作業程序，並在停泊於聖地牙哥港（San Diego Harbor）碼頭邊的船上演練動作、戰術和溝通。這是很好的訓練，讓我們做好準備迎接比較困難的任務，登上並清空已經在海面上的船隻。

由於第三排和第四排已經有些弟兄被調去接受其他訓練活動或去做資格訓，演練那天，布魯瑟任務小組就把第三、第四排剩下的人集結起來。我是負責的資深軍官，我手下第三排的其他資深士官長都沒來，當天最資深的海豹士官反而是第四排的人，他還不是主管或士官長，但已經有過幾次部署的經歷，是我們這一群人裡經驗最豐富的海豹隊員。在此之前，我僅有一次以海豹隊員的身分參與部署。

我們展開行動演練，海豹隊員要善用掩護與行動法則，越過船隻的開放甲板。一切都很順利，但後來我們發現團隊裡用來溝通的術語有一些混淆不清之處，使用了幾個不同的用語。顯然，我們都需要整理一下，以達成共識。

「這是我在上一排時用的標準作業程序，」我說，「我們就用這一套。」

當我們召集部隊簡報相關運作情況時，我傳令給每個人。

那位第四排的資深士官不同意。

「我認為我們應該用另一種。」他說；他要推的是他熟悉的另一套標準作業程序。

「我已經下令了，」我說，「再改會很麻煩，現在就先用我的辦法。」

「我非常不喜歡你的方法，」他回答，「我在之前兩個排服務時用的辦法比較好。」

對我來說，兩種方法的優、缺點不重要，重要的是我們能達成一致。再加上我已經傳令下去告訴每個人，我認為最輕鬆的作法就是堅持我的作法。

「現在就先用我的作法，」我說，「等我們回到隊上，我們可以和（第三排排長）湯尼以及第四排排長徹底談一下這件事。」

「我們不應該養成壞習慣，」這名海豹隊員說，「我的方法效果最好。」

我愈來愈不耐煩，我把這當成是一種意志力的考驗。當時的我是年輕、而且缺乏經驗的排指揮官，我判定我要展現是我在主導的架式，要表現出我是資深軍官的樣子。

「我們就用我的辦法去做，」我說，「我的話說完了。」

就這樣，我和這位海豹部隊的士官繼續回去做訓練。很快地，我們完成訓練，回到隊上。但就在這之後，我隨即領悟到我並沒有好好處理這個問題。最軟弱的領導行事，就是用階級或地位壓制別人贏得道理。在海軍時，看到有人使用這種手法，我們會說這是「剪刀、石頭、官」的比賽，是「剪刀、石頭、布」的變形體，差別在於「官」每次都會贏。然而，每次我看到有任何領導者使用這種方法來領導，都無法得到我太多的敬重，當然也不是我想成為的領導者，就在返回隊上的路上，我對於自己居然這樣處事感到羞愧萬分。

回到隊上，我把那位海豹士官拉到一邊，並對於我的處理方法向他道歉。我說我應該聽從他的方法，他說他也有錯，不應該在任務小組其他成員面前和我爭執。我們結束對話時恢復了友好關係，我下定決心絕對不要重蹈覆轍。

當時，**我以為如果我讓步並聽從那位海豹士官的領導，會顯得身為領導者的我很軟弱；但如今看來，我才明白事情剛好相反。假設我讓步，聽從經驗更豐富的海豹士官幹部建議，會讓我成為一位更強大的領導者**，會顯得我願意服從，一如我樂意領導。這會是一次強而有力的證明，指向我並非無事不知，但可以跟在更有經驗的人背後，讓他們在團隊或任務的特定面向站上更好的位置，領導大家。

我們爭論的兩種方法只有微小差異，在戰術上並沒有太大的顯著性，但是我未成為一個樂於跟從的人，失去一個機會展現我身為領導者的力量，卻是策略上的損失。我從這次的失敗中學到重要的一課，這一課在我繼續前進時幫了我很多忙，也讓我用更高效的方式領導第三排和布魯瑟任務小組，獲取勝利。

每一位領導者都必須做好準備樂於主導局面，為了團隊與任務的利益做出棘手但重要的決策，這是「領導者」一詞固有的涵義。但領導者也必須具備追隨的能力。這是一種很困難的二元性：若想成為好的領導者，你也必須是一位好的跟隨著，找到當中的平衡是為關鍵。

法則

每一位領導者都必須願意且能夠領導，然而，同樣重要的是，領導者也必須具備跟隨的能力。領導者必須願意為了團隊的利益去仰賴他人的專業或想法，領導者必須願意去傾聽與跟從其他人，不去管對方是否比較資淺或比較沒有經驗。如果別人有好的想法或特殊知識，因而最適合在特定的專案裡站上領導位置，好的領導者應體認到無論功勞在誰身上都沒關係，唯一的重點是要用最有效的方法來完成任務。當團隊裡的資淺成員提出好意見、有助於任務成功時，有信心的領導者會鼓勵他們站出來領導。等到團隊高奏凱歌，大部分的功勞會歸於領導者，至於領導者是不是最懂行動、戰術或策略的人，並不重要；好的領導者應該把讚美和掌聲歸於團隊。

在此同時，好的領導者也必須是好的跟隨著，要服從自己的頂頭資深領導。我們在《主管這樣帶人就對了》書裡也寫了：「任何領導人最重要的工作之一，就是支援主管。」針對特定行動方針做完討論辯證之後，一旦主管做出決定，無論你喜不喜歡，「**你必須把這當成是自己的決定**，**盡力執行計畫**。」唯有資深管理階層下達的命令違法犯紀、不符倫理、不符道德，或是對人命、身體或組織的策略性成果造成重大危害時，下屬領導者才應該有所保留，反抗上級的指令。這種情況應該要很罕見才對。本書的第十一章〈謙遜，但不被動〉

要談的就是這種二元性。

在一般的情況下，好的領導者必須跟隨，支援指揮鏈。通常來說，天生型的領導者極欲挺身而出主持大局，要他們跟隨沒這麼能幹、沒這麼積極、沒有領袖魅力或無法激發人心的領導者，是一件很辛苦的事，但不管如何，當主管或指揮鏈更高層布達的正當命令就算牴觸下屬領導者的想法，下屬仍必須願意服從並支援指揮鏈，做不到這一點將有損整條指揮鏈的威信，其中也包括抗命的領導者本人。無法服從，也會導致與指揮鏈上方產生對立關係，這會產生負面影響，使得主管不願意徵詢下屬領導者的參考與建議，也有損團隊。領導者若無法成為好的跟隨著，會害自己和團隊失敗；當領導者願意跟從，團隊將能有效地運作，也能大幅提高任務成功的機率。這裡要平衡的二元性是：要成為一位領導者，也要成為跟隨者。

業界應用

「我需要你幫忙，」我們在講電話時吉姆（Jim）對我說，「我碰上一個嚴重的兩難局面。」

吉姆是一家大企業產品部門的業務團隊主管，他是稱職能幹的領導者，聰明、積極達成目標，奮發向上，在其他人不足之處表現傑出，創出一番好成績。和許多出色的領導者一樣，他極具競爭力，自家團隊的表現優於部門內的其他團隊，讓他格外自豪。

吉姆讀過《主管這樣帶人就對了》，也認同他在領導這場賽局上還有需要改進之處。他過來找我，商談高階主管教練的相關事宜。

「很可惜，我們已經不再提供個人教練服務了，」我告訴他，「我們以前有，但是市場對於前線部隊公司的服務需求甚殷，現在我們僅能為長期客戶提供高階主管教練服務，那是我們領導發展與調教方案的一部分。」

吉姆很失望。那時候，我住紐約，吉姆則住鄰近的紐澤西。

「我會盡量不要對你造成困擾，」吉姆說，「我甚至會在你方便的時候跳上火車直奔紐約。」

「是什麼樣的領導挑戰讓你這麼辛苦？」我問吉姆，「你想要在哪些領域精進？」

「我和直屬主管的關係不好，」他回答，「而且我不知道該怎麼辦。我這個人一向都是很可靠的團隊合作類型，而且，就我記憶所及，我和每一位前主管都相處融洽，通常我是他們倚重的人，現在，我好像被打入冷宮，我不確定要怎麼樣做情況才會好轉。」

打從一開始對話，我就很欣賞吉姆這個人。他是一個具備預設積極心態的領導者，看著他因為主管的事傷透腦筋，我彷彿也看到了從前的自己。我曾經犯過許多相同的錯誤。

當我積極行動準備贏得戰術上的勝利時，有時會在我的領導團隊間引起摩擦，對團隊造成長期的傷害，也阻礙了我們的策略性任務。我知道我學到的慘痛教訓能幫上吉姆的忙，讓他和指揮鏈重新建立起關係。我也知道雖然他很可能並不愛聽我的逆耳忠言，但他確實很熱切地想學習，因此應該更願意傾聽與落實我的建議。我決定在行事曆上挪出一點時間給他。

「好，」我說，「我們就這麼辦吧。接下來幾個星期，我們找個時間在曼哈頓見個面好嗎？」

吉姆很興奮，急著想要和我聯絡，我們排定了時間和會面地點。

會面地點是紐約一處裝潢精緻的社交俱樂部，歷史悠久，還有很多為人津津樂道的故事，俱樂部的會員裡有非常成功的商界領導人和華爾街大亨。我成長於德州東南部的鄉村，最舒服的打扮是穿牛仔褲搭法蘭絨襯衫，或是我駐守聖地牙哥時的穿著：T恤、衝浪短褲和海灘拖鞋，但就像我們在前線部隊公司裡常說的，舒適圈裡沒有成長。因此，我穿上這種場合必要的正式西裝領帶，去和吉姆碰面。

我的第一印象確認了在電話對話中整理出來的感覺：吉姆是一個奮發向上的領導者，他真的非常在乎他的工作以及他領導的團隊，真心希望成為他這一行最出色的人，獲得同儕與領導者的敬重。他也非常堅定，誓要找到方法以精進他在領導這場賽局中的表現。短暫寒暄之後，我們進入在公司裡讓他焦頭爛額的領導挑戰。

「我覺得我的主管對我和我的團隊嚴苛到非常不公平，因為他不喜歡我。」吉姆宣稱。他講到之前他曾有一些傑出表現，受到部門資深副總的讚揚，那是他主管的主管。

「這一番讚揚好像反而使得我的主管針對我，」吉姆繼續說，「累積到最近一次嚴重的撕破臉時終於大爆發。」

「是怎麼樣的嚴重撕破臉？」我探問。

「事情發生在幾個星期前，我去接受年度的績效考評。」吉姆回答，「我們的團隊整體來說表現很好，我預期我們會拿到高分，就像過去一樣，當他把低分的評鑑結果拿給我時，我非常訝異。我的意思是，我們確實是有一些領域可以做得更好，但這樣的分數遠比應有的水準低太多。」

「你的反應是什麼？」

「我對他大發雷霆。」吉姆坦承，「我覺得這是在侮辱我，還有，最重要的是，這會影響到我的隊員的薪水。我們的獎金和績效評等直接掛鉤，低分代表我的團隊能夠養家活口的錢變少了。我對於這一點深表憤怒，也對主管直說了。」

「聽起來不太妙。」我說，「看來你的主管好像覺得被你威脅了。」

「很有可能。」吉米勉強同意。

「這代表他的自尊跑出來礙事了，」我說，「有自信的出色領導者樂見任何下屬領導者的亮麗績效，也會從上司的立場給予嘉獎，這對整個團隊來說都是好事。然而，軟弱的領導者不自信，會因為下屬的表現太好而覺得受到威脅。現在的情況看起來就是這樣。」

「我理解這種情況，因為你跟我有很多地方很像。」我說明，「我在海軍生涯中也多次發現自己陷入和你一模一樣的情境，而且我根本毫無頭緒為什麼會這樣。」

我對吉姆說起，有一件事可能會讓很多不曾服役的人嚇一跳，那就是海軍以及美軍其他軍種跟商業界的所有領導面向一樣，都有軟弱的領導者。事實上，從我就讀美國海軍官校開始，到我調往兩艘不同的海軍水上船艦服役，以及待在海豹部隊的整段軍旅生涯期間內，能讓我深深感佩與敬重的領導者少之又少。但這個世界就是這樣，就連像海豹部隊這種嚴格篩選的組織也不例外，好的領導者罕見，糟糕的領導者比比皆是。當然，有時候，我認為我效命的是軟弱、只會趨吉避凶或是膽小怕事的主管，但回顧過去，當時年輕且無經驗的我實際上是一個剛愎任性的領導者。就連最微不足道的小事，只要我不認同，我常常都會和主管槓上。後來我發現大家疏離我，我成為團隊中資淺領導幹部同儕群體中的黑羊。我絕對不希望變成這樣。當時，我一味指責主管，但是，現在回頭看，我明白許多發生在我身上的問題都是自找的。很多次，我任憑自己不尊重主管，在我講話和行動時多次明確表現出來。面對顯然沒有自信的主管時，我沒有控制自我反而盡情展現，我未能體認到不自信的領導者會過度敏感，我在溝通當中讓對方感受到我覺得他少有或根本不專業，這會挑動他的神經。一般人通常說這種情況叫「個性衝突」或「個性不合」，意指兩個心態不同的人就是沒辦法好好相處。但這只是藉口。我對吉米說，其實當時我還可以（也應該要）做很多事，去防止出現這些摩擦。這又彰顯了《主管這樣帶人就對了》裡心態的力量：重點不在於其他人，而在於你。

「那你打算怎麼辦？」我問。

吉姆不確定下一步該怎麼走。他不同意主管的考評，希望能上訴，由部門副總評鑑。

「我想回到主管辦公室，直接把話說清楚。」吉姆說，「但我擔心這只會造成更大的衝突，讓本來就很糟糕的情況火上澆油。」

「如果你回去主管辦公室對他說他錯了，他應該更改他的考評，你認為結果會是什麼？」我問，「即便你拿出一些有用的數據來支持你的論點，但你的主張會贏嗎？」

吉姆也知道這樣的行動方針不會達成他樂見的結果，無疑只會讓緊張的情緒更緊繃。即便指揮鏈最高階的人強迫他的主管提高考評分數，但長期來看，這麼做會替吉姆和他的團隊引來更嚴重的難題。更改考評分數是一種皮洛士式的慘勝（Pyrrhic victory），贏了戰術卻輸了策略。

「對團隊、對你來說，和主管之間關係惡劣是好事嗎？」我問，「對他們有利嗎？對你有利嗎？」

吉姆明白這對誰都不好。他和主管之間的摩擦傷害了他，也傷害了團隊裡的每位成員。

「要成為好的領導者，你也必須成為好的跟隨者，」我說，「此時此刻，你沒能做好一個跟隨者。」

吉姆看著我，滿臉訝異。我的回答讓他很意外。他是一位稱職的領導者，不習慣有什麼事做不好。我知道這很可能是他最不想聽到的話，但我知道這是事實，也是他需要聽的話。

「如果你不能成為好的跟隨者，就不能成為好的領導者，這代表你會害你的團隊失敗。」我解釋，「你現在是在告訴我，你和你的團隊在任何領域都沒有可以改進之處嗎？你現在已經展現了最佳表現，完全沒有做得更好的空間了嗎？」

吉姆勉強同意，他和他的團隊當然在某些領域還可以再精進。承認這一點之後，他接著也同意主管的某些批評雖然嚴苛，但也並非編造虛構。他和他的團隊可以用很多方法來強化溝通、提升效率，也應該和客戶以及其他部門培養更強韌的關係以利互相支援並增進成效。

「就像我們在《主管這樣帶人就對了》裡寫的，」我說，「這些事『簡單，但不隨便』。雖然你已經讀過這本書很多次，也理解基本的概念，但要把這些作戰法則落實到你的生活中是很困難的事，就連我和喬可也跟大家一樣，偶爾也會很辛苦，而我們可是寫出這本書的人！」

「你要做的，」我指出一條路，「是承認你未做好一位跟隨者。去找你的主管，在這件事上挑起絕對責任。接受嚴苛的考評與負面的分數，承認你必須做得更好。之後，像你的主管展現你的詳細計畫，告訴他在你每一個得分很低的領域要採取哪些重大措施以求精進。只是用說的並不夠，你要去做，你要透過改進每一個領域的行動來證明。」

吉姆用不敢置信的表情回看我。

「我從喬可身上學到最困難但也最重要的一堂課，」我說明，「是不管主管是好是壞，都要努力和每一位為其效命的主管維持相同的關係。無論他們是你敬重的傑出領導者、是需要改進的平庸領導者，還是團隊中完全無人尊重的糟糕領導者，你都必須努力和他們所有人維持相同的關係。」

我說明要和主管維持的關係中要納入的三個元素：

（一）他們信任你。

（二）他們重視並尋求你的意見和指引。

（三）他們給你完成任務所需的資源，然後放手讓你去執行。

「對方是好主管、壞主管還是不好不壞的主管，都不重要，」我總結，「**你必須和主**

管培養出以信任和支持為根基的強韌關係。如果你做到這一點，就能讓你的團隊成功，這代表身為領導者的你也成功了。世界上大部分的人都做不到這一點，你做到了就能在同儕間勝出，表現比任何人都出色。」

「未來，你的使命是，」我聲明，「和你的主管培養出更佳的關係。你要做一個好的跟隨著。和你的指揮鏈修補信任。就這樣，放手去做，落實這一切吧！」

Chapter 10 要做計畫，但不要過頭

萊夫・巴賓

2006

伊拉克拉馬迪爆竹圓環

Firecracker Circle, Ramadi, Iraq

我的心臟狂跳，我覺得彷彿要跳出胸膛，我根本喘不過氣。我們正全力衝刺，盡量快跑，跑過城市裡一整個街區。我能做的，就是不斷把一隻腳放到另一隻腳前面，並背負起背後重量足以壓垮人的帆布背包。帆布背包，在軍隊裡的術語簡稱「背包」，指的也就是一般人說的後背包，我的後背包裝到快滿出了，裡面是數量驚人的裝備和軍械：額外的手榴彈、我的來福槍使用的額外彈匣、閃光信號彈、備用電池、我的M203榴彈發射器使用的四十釐米榴彈、食物和水。這是我第一次到拉馬迪市中心出任務，此地動盪不安、極

為危險且敵人環伺，我希望針對每一個想像得到的可能情況做準備。我背負的物品足以去打第三次世界大戰。雖然我應該領導我的小隊，小心照看巡察隊裡每個人的安危，但我卻拖著身體吸著風，我能做的，就只是跟上。

我們計畫本次行動時要搭配第二海軍陸戰師第八陸戰團第三營第十一連的兩個班，挺進拉馬迪中心區一處惡名昭彰的地方，就在名為「爆竹圓環」的交叉口附近。會得此名，無關乎我們用來慶祝國慶時使用的那種無害煙火，而是因為會有大型的土製炸彈把武裝重型車輛炸上天或者炸成碎片。

布魯瑟任務小組才剛抵達拉馬迪，但我們從已經在此地戰鬥好幾個星期的陸戰隊弟兄身上學了很多。第八陸戰團第三營是專業、勇敢的士兵組成的出色任務小組，第十一、十二連都和我們合作執行過多次行動，他們的任務是取得拉馬迪市中心最動盪的幾個地方。他們勇敢進入最危險的敵軍地盤，遭到攻擊時奮力交戰與調度，經常要承受敵軍對他們的前哨站發動大規模、縝密協調過的攻擊行動，經常會有幾十名敵軍從四面八方用機槍、迫擊砲和大型車載土製炸彈攻擊。陸戰隊員無畏地站在自己的據點，每一次都擊退這些敵軍。我們很榮幸能在拉馬迪和第八陸戰團第三營合作，美國海軍陸戰隊在貝勒森林（Belleau Wood）、瓜達爾卡納爾島（Guadalcanal）、硫磺島（Iwo Jima）和長津湖（Chosin）等地寫下了光榮的傳統和讓人傳頌的傳奇，由他們更添一筆光彩。陸戰隊執行夜間的「普查行動」（census operation），聽起來像是點算平民人頭的簡單行政措施，但一點都不輕鬆。他們要在黑暗的掩護下進入，徒步到拉馬迪市某些爭議性最高的地方巡察。陸戰隊隊員會敲門、進入家屋，和住在裡面的人談話看看裡面住了多少人，也讓他們了解美軍部隊能幫他們什麼忙，並問問看他們是否看到什麼敵軍活動。日出之前，陸戰隊這兩班會佔領建築物及設置狙擊手掩護位置，白天都會一直待在那裡。等到夕陽西下、天色轉暗，他們就又出現，繼續普查。

這是我第一次在拉馬迪市中心從事作戰任務，海豹部隊第三排裡兩個小隊和伊拉克士兵做了計畫，要在持續約三十六小時的「一天都在」（remain over day）行動中支持陸戰隊；行動將持續一整晚、白天某個時段，然後再到隔天晚上。出發前制定行動計畫時，陸戰隊建議我們做好準備以迎擊激烈的敵方攻擊。我們知道，他們在此地行動時遭受過某些很猛烈的攻擊，敵方有幾十人用彈鏈式的機槍和 RPG-7 火箭炮同時從各處猛攻，還外加精準的狙擊火力。但除非人員嚴重傷亡，陸戰隊不會隨便呼叫由武裝車輛和徒步部隊組成的快速應變小組支應。爆竹圓環地區的土製炸彈威脅極高，要開過這附近的道路危險重重，對車輛人員與徒步部隊來說風險都太高，除非絕對必要不然不宜貿然經過。這表示，我們大致上要自立自強，只有靠我們隨身攜帶的火力擊退佔領本區的幾百名叛軍從背後攻擊。

我們最好做好準備，才能來一點，我是這麼想的。

我在海豹部隊的生涯早期就學到一件事，針對可能的情況做計畫是決定成敗的關鍵，不管是什麼任務都一樣。徹底想清楚行動每個階段可能出錯的地方，並針對每一種情況做準備，能讓我們克服挑戰、達成使命。我從未來過拉馬迪市這個地區，但我常從無線電網絡上聽到呼叫描述敵軍的攻擊與美軍的傷亡，也讀過行動後的檢討報告，看到傷亡弟兄被送到人稱「查理醫院」的拉馬迪營區查理醫療中心，我很清楚此地的惡名昭彰，因此我帶著來報仇的心情，催促自己做好權變計畫。第三排出色的海豹部隊排長湯尼・義夫拉提極富洞見且經驗豐富，我們制定了穩健的標準作業程序，規定每一個人在每次行動中應放入負重裝備內背負的標準裝備量：主要的武器M4來福槍要有七個彈匣；一個個人用的無線電、天線和備用電池；兩個M67手榴彈，這是我們的標準版爆破榴彈（fragmentation grenade），簡稱「爆彈」（frag）；一張戰地地圖；一把手電筒；一盞頭燈；一副夜視鏡；一副備用夜視鏡架；所有裝置通用的備用電池；凱夫拉（Kevlar）防彈頭盔；凱夫拉軟質防彈衣以防碎片，還有厚重的陶瓷防彈板以阻擋敵人的小型武器火力；必要的食物和水；凡此種種。

光是標準裝備已經很重了，更別說我們還要在伊拉克的炙熱天候之下徒步巡察。當時是晚春，一天中最高溫可以高達攝氏四十三度，即便是夜裡，氣溫差不多也有攝氏三十幾度。

除了標準負重之外，通常我還會背一些額外裝備。M4來福槍管的下方我還掛了一個四十釐米的M203榴彈發射器，彈膛裡也帶了一個榴彈，並在我的負重裝備裡多帶了六枚四十釐米的高爆炸力榴彈。我也多帶了一百發的七．六二釐米鏈接式彈藥供機槍手使用，還有一套閃光信號彈用來向其他美國部隊標誌位置並打信號。

以這趟行動來說，我覺得最好重裝出擊。我打開背包，想著還可能需要些什麼。不同的可能情況不斷出現在我心裡，很多都是最糟糕的情境。

如果我持續被攻擊好幾個小時，彈藥開始短缺怎麼辦？我心裡這樣想著。我又丟了四個裝滿的彈匣讓M4來福槍不至於無彈可發。我還加了一條子彈帶，上面多帶了十二枚四十釐米的高爆炸性榴彈。

如果我需要標示敵人位置以告知坦克或飛機怎麼辦？我思考著。我再丟進一個裝滿曳光彈的彈匣，子彈會在彈道發出明顯的橘色光線。我也加了幾枚煙霧榴彈到背包裡。

如果我遭到敵人攻擊期間被追過去，我們需要更多手榴彈怎麼辦？我又想。我加了三枚M67爆彈到我的背包裡。

如果別人也需要怎麼辦？我再丟兩枚爆彈。

如果我的無線電信號變弱或者是用完了備用電池怎麼辦？我又丟一個無線電進背包裡，外加兩顆備用電池。就算我在行動時自己不需要用到，也許班裡有別人會需要。

接下來，我需要背負食物和水。我們預期行動要延續約三十六個小時。如果行動時間延長成四十八小時、甚至七十二小時怎麼辦？我忖思。我不想沒有水喝，尤其是伊拉克的天氣又如此炎熱。我們用一．五公升的塑膠瓶裝水，以之前的行動經驗來說，我需要五到七瓶，但是為了以防萬一行動時間延長，我帶了十二瓶。這相當於約十八公斤的重量，而且這還只有水。我還帶了一些食物，以免出狀況。

我小心翼翼，針對我想得到的每一種可能狀況預做計畫。然而，我們還沒有離開營區，我就知道我過頭了。我的背包裡裝滿了裝備，拉鍊差一點拉不起來。接著，我「上」（意指背起）行動裝備、用雙肩挑起背包，快速地搬到要載我們前往河岸另一邊陸戰隊基地的車輛上，簡直是重得不得了。我開始意識到重量會是一大問題。

當我們開始徒步巡察，我才知道陸戰隊用的是「衝刺與維持警戒」（Sprint and Hold）的方法。我們在短程行動中通常使用「掩護與行動」，陸戰隊版的「掩護與行動」會有兩名槍手維持警戒，另外兩名則盡量快速衝刺，一路衝到街區底。

這種方法可以減緩敵方狙擊手造成的風險，因為這樣一來敵人就必須瞄準不斷移動的目標。陸戰隊會以兩人、兩人為一組不斷重複這樣的過程，整個巡察隊就這樣不斷地接力衝刺，一公里、一公里推進整個城市，經過一個又一個街區。

徒步巡察沒多久之後，我就知道我麻煩大了。重到快要壓垮人的帆布背包壓在身上，我的胸口要很大力才能吸到氣，汗水早已浸濕了衣服。我的「眼罩」（我們會戴上防彈護目鏡來保護眼睛）一片霧茫茫，我必須摘下來才看得見。

身為海豹隊員，我們對於艱困的體能訓練與能在嚴酷的條件下活動感到驕傲，但我完全高估了自己的能力，隨身帶了太多的東西，真的太過頭了。我在接受基本海豹部隊訓練課程時，基礎水下爆破訓練班的教練就說過：「如果你很笨，那你最好強壯一點。」背負過重的裝備很愚蠢，現在我就在付出代價。如今我得忍著點，然後「BTF」；這三個字母是「Big Tough Frogman」（意為：蛙人硬漢）的縮寫，是第三排和布魯瑟任務小組的非官方座右銘，這三個字母可以當成名詞，也可以當成形容詞來用，現在則是動詞。

我是資深軍官，海豹部隊第三排與伊拉克士兵聯合小隊的領導者，但我背負的重量讓我疲憊不堪，完全失去了覺察情境的能力，無暇顧及整個大團隊與任務。我能做的，就是專心把一隻腳放在另一隻腳面前，努力拚著老命跟上。等隔天晚上我們終於完成行動，我學到了會讓人非常謙遜的教訓。

慘況能成為絕佳的好老師。這一課我永遠也不會忘記：**不要試圖為每一種可能的情況做計畫，這麼做只會讓你負擔過重、把你壓得喘不過氣，使得你無法快速機動調度**。沒錯，權變計畫極為重要，但我做得太過頭了。我本來應該規定自己在計畫時要想這些問題：

如果我背太重、跟不上巡察隊，那該怎麼辦？

如果我太疲憊以至於只能顧我自己、無法高效領導，那該怎麼辦？

如果我的裝備太重，使我無法快速機動調度、變成敵人的俎上肉，那該怎麼辦？

這些考量應能幫助我平衡我的權變規劃，確保我不會計畫做過頭，導致更糟糕的狀況。不要過度計畫、不要去想及去因應每一種可能的狀況，這件事不僅適用於個人領導者，也適用於團隊。當我們還在接受訓練、還未出發部署時，我就從喬可身上學到這件事。訓練教官指派我們完成一個套裝目標，要我們執行一項突襲行動，以逮捕或殺死某個壞蛋。我想要盡量調動我能調動的海豹部隊行動人員，用人海戰術進入目標房舍然後清空。

「你不需要動用這麼多人，」喬可一邊看著我們的計畫一邊說，「這樣只會讓房子裡更添混亂。」

喬可在伊拉克執行直接突襲行動的經驗多不勝數，我掛零，但他的話在我聽來很沒有道理。我們要追蹤的是一個赫赫有名的壞蛋，他很可能拒捕，或是房子裡面會有其他人拒捕，那麼，為什麼說多找一點海豹隊員壯大突襲兵力、派更多槍手進入房子裡不會比較好？

一直要到布魯瑟任務小組前往拉馬迪執行部署行動，而我從現實世界裡的任務中學到經驗，我才終於明白。歷經前幾次的逮捕／射殺直接突襲行動，我才懂得喬可是對的。當我們針對太多可能的狀況做太多計畫、派出一大群突襲部隊去清空目標建築物，室內有太多海豹隊員只是徒增困擾混亂，如果還有伊拉克士兵參與我們的戰鬥行動，那更是一團糟。房子裡部隊人數少一點，會更容易管理、更有彈性，而且成效更佳。如果我們需要讓更多人員進入目標建築物，比較輕鬆且比較能控制的作法，是要在屋外維持警戒的海豹隊員進去，幫忙他們處理好出來。反之，要叫房子裡的弟兄出來幫忙會比較困難，我們比較不能掌控室外的環境，外面的問題也會比較多。明白這一點之後，我們在突擊目標時的表現就明顯好了很多。現在我明白，試著解決每一種可能出現的問題叫過度計畫，會引發更多挑戰，使得部隊面臨更高的風險，還有損以最有效的方法達成使命的能力。

光從計畫這件事來說也是一樣。當我在海豹小隊擔任行動軍官時，我看到某些排與某些任務小組鉅細靡遺規劃任務的所有小細節：誰要到哪一個房間、哪一個人應該在目標建築的哪個位置設置警戒。但是，執行任務時永遠也不會如同你的計畫那樣進行。計畫到這麼細節是在浪費時間，當事情的發展不如預期時，反而會使得部隊很困惑。從這裡學到的心得是，以規劃這件事來說，靈活度更勝於詳盡。最高效的團隊，能提出靈活的計畫。

而這裡的二元性有另一個面向：完整的計畫很重要。不針對可能發生的情況預做準備，就要讓團隊準備接受失敗。

參與戰鬥的人必須面對會受重傷甚至死亡的可能性，但你不能因為害怕這些事就裹足不前，必須充分認知到戰鬥就是很危險的事，你有可能死亡。然而，懷抱一點點的恐懼，在出發執行大型戰鬥任務感受到緊張，不斷徹底想清楚各種可能發生的情況，忖思自己有沒有漏掉什麼，這是健康的態度，有助於對抗自滿並防範過度自信。領導者必須考慮他們可以控制的風險，在進行權變規劃時盡可能緩解這些風險。如果沒有提出適當的權變計畫，那就是失敗的領導。

在二〇〇六年的拉馬迪戰役中，布魯瑟任務小組承受了極高的風險。我們自願深入敵境；在那裡，任何美軍部隊不管採取任何因應行動，通常必須承受極大的風險與遭遇難度很高的挑戰。布魯瑟任務小組為了支援美國與伊拉克部隊，在拉馬迪承擔了高風險，執行了這些肅清叛軍的行動，並因此飽受海豹部隊以及其他特殊行動小組的批評。他們不知道我們花了很大的心力針對可能的情況做了計畫，緩解了我們可以控制的風險。批評者並不知道、在《主管這樣帶人就對了》也沒有談到的，是布魯瑟任務小組拒絕了哪些戰鬥行動。當我們被徵詢、請我們加入或支援某些戰鬥行動時，我們會詳細評估情況，顯然無法進行適當的權變規劃時我們就會拒絕，因為得到的回報與要去承受的風險並不等值。

有一次，另一個美軍特別行動任務小組要求第三排和合作的伊拉克軍隊提供支援，他們需要一隊伊拉克夥伴部隊，幫忙取得必須的執行戰鬥行動許可。這項任務計畫要進入市裡的地區不但動盪危險，更被敵軍牢牢掌握。這個特殊行動任務小組基本上剛剛才加入拉馬迪地面作戰行列，他們幾個星期前才抵達此地，還正在摸索戰鬥環境，了解在此地有哪些美軍正在行動以及敵方具有哪些戰術與能力。任務小組的領導者鬥志高昂、積極行事，亟欲有所表現，參與重大戰鬥行動。我很清楚，他在這個戰場裡大有機會。

這個特殊行動任務小組為了本次任務提出的計畫，用最客氣的說法來說都堪稱大膽：他們要在光天化日之下開進市中心，長驅直入一條大家都知道布滿大量致命土製炸彈的主要道路。當我檢視他們的計畫，看不到他們根據可能出現的情境提出任何權變規劃。

「萬一我們開進去的時候被土製炸彈炸掉一輛車，那會怎樣？」我問這位領導者。

「不會的。」他回答，並堅稱他們的裝甲車和電子反制儀器會保護他的部隊免於面對這種情境。

我們在布魯瑟任務小組時學到，每一次行動都要針對進出目標的路線制定權變計畫。路上可能有土製炸彈、妨礙進出的路障，或者，到場時才發現我們原本認為可通行的路線根本走不通。我們學到，每一次出任務不只需要一條主路線，也需要次路線和第三路線。這樣一來，如果主路線遭受阻擋或不可通行，由於之前做過仔細的權變規劃，我們可以快速轉向下一條替代路線。

「你們有沒有第二或第三條可以前往目標的替代路線？」我問領導者。

任務小組的領導者以搖頭代替說「沒有」。

「我們不需要，」他說，「這是進入目標的最佳路線。」以特別行動任務小組規劃使用的這條穿過城市的路線來說，我聽過很多資訊，這是拉馬迪最危險的道路之一，足以在全球最危險地點的列表上名列前茅。其他曾在此地行動過幾個月的美軍部隊斬釘截鐵地告訴我們：不要開上這條路，不然的話你就等著被炸掉。但這個特別行動任務小組完全沒有替代路線的權變計畫，我建議領導者去檢視一下有哪些其他路線，但我的意見並沒有人聽進去。

如果他們有任何一輛車被土製炸彈炸到，就算部隊沒有任何弟兄受傷或死亡，也有礙我們進攻目標，嚴重拉低任務成功的機率。此外，要考量的還不只有土製炸彈攻擊：如果土製炸彈讓某一輛車動彈不得，敵人就可以用小型的武器和火箭炮進一步猛攻某一隊巡察隊，他們就會進退兩難，無法拋下車輛也甩不開佔領車輛的敵人。這些都是很可能發生的情況，應該對此提出穩健的計畫。整個團隊需要理解如果出現這種情境應該怎麼做，又應該如何導引別人過來支援。但是特別行動任務小組的領導者非常肯定他們絕對可以應付，他並未針對這些情況做出任何規劃。

我忽略了什麼嗎？我想著，我是不是太過於趨吉避凶了？

計畫繼續進行的同時，我開車越過拉馬迪營區，去徵詢一位極有經驗的美國陸軍常規部隊連指揮官，他加入拉馬迪地面作戰已有年餘。他們是美國陸軍國民警衛隊（Army

National Guard），這代表返回美國之後他們就變成後備軍人：他們是兼職的美國陸軍，每一個月要挪出一個週末、每一年要有整整兩個星期的時間接受訓練。在平民世界裡這些人是木匠、業務員、學校老師、店面主管和企業主，然而，當他們在伊拉克最暴亂的戰場上從事地面作戰十五個月的期間，就搖身一變成為強悍的戰士。我們信任他們的經驗，並從他們提供的指引當中學到很多。

我敲敲連指揮官的門，他歡迎我的到訪，領著我進去。

我就著地圖，徹底說明特別行動任務小組提出的計畫，指明他們打算走的路線，標明目標建築物，然後請他發表意見。

他只是搖搖頭，並說：「你們連半路都還到不了就會碰到土製炸彈，你們絕對到不了目標。」

「我也覺得這套計畫不太對勁。」我說；我很高興他誠實以告。

「萊夫，」他率直坦誠地繼續說下去，「如果我想要讓我的某些弟兄受傷或死掉，我就會照這套計畫這樣做。」

正是如此。我的疑惑也得到了確認。我知道這位連指揮官是一位大膽的領導者，他積極進取，備受尊重。我知道他不會（之前也不曾）因為危機或風險而卻步，他和他的陸軍弟兄正是英勇戰士的寫照。他們幾次支援我們進行高風險的任務，讓他們自己的人處於險境。因此，如果他這麼告訴我，我最好聽他的話。

我又開回去，穿過拉馬迪營區，去和特別行動任務小組的領導者談。走進他的辦公室之後，我把國民警衛隊連長的話據實以告。我敦促他修正計畫，找一找進入目標地區的替代道路。我強調土製炸彈的威脅變成現實的機率非常高，他和他的小隊需要為此預做準備。但是特別行動任務小組的領導者不為所動，仍然對自己的計畫非常有信心。

「那些國民警衛隊的人，」他回答，「他們就是怕危險。我們乘著武裝車輛重裝出擊，我們還有重砲火力。」

這類特別行動任務小組、海豹部隊以及其他單位受到的訓練更嚴格、配置的設備更好，添置裝備的預算等等也都勝過國民警衛隊，國民警衛隊雖然沒有高速訓練也沒有精良設備，但是在此地區各個最棘手的戰場上已經累積出大量戰功。我們以及在此地行動的其他美軍單位都對他們致以最崇高的敬意。而且，國民警衛隊還有一項最寶貴的東西，遠遠勝過高速訓練和最新進裝備：他們在拉馬迪已經待了十五個月，從最艱鉅的戰鬥中累積出許多經驗。不管是白天和叛軍的槍戰，還是土製炸彈的恐怖大屠殺攻擊，這些經歷讓國民警衛隊的士兵通過戰場的試煉、戰鬥的認證，但他們仍然謙遜，尊重敵軍與他們的能力。

我繼續嘗試說服特別行動任務小組的領導者，希望他提出替代計畫納入可能發生情境的權宜之計，或是另待更好的機會來斬獲有價值的目標。然而，我未能勸退這位領導者放棄這次行動。

我對他說，我們海豹部隊和伊拉克士兵不會加入。我希望，少了伊拉克合作部隊或許可以限制他取得任務的授權。遺憾的是，他們仍然拿到了許可，可以執行任務，而即便有這麼多人提出警示，特別行動任務小組的領導者仍一意孤行。幾天後，就在光天化日的大白天之下，他們開始行動。

他們並未達成目標。

我們後來才知道發生什麼事：在這條眾人都建議他們別走的路上，他們的武裝車隊只走了一小段距離，就有一枚土製炸彈在前導車下爆炸了。這輛重裝車完全無法行動，還著火了，車內的幾名軍人都受了傷。他們無法丟下車輛或是還在裡面的人員，全隊人就這樣進退維谷，承受幾個小時敵軍的砲火，等待救援。最後，附近的常規軍回應了，拖走了他們的車。美國軍隊全員生還，這真是一大奇蹟，但還是有幾個人身受重傷。這真是千鈞一髮，也是讓人謙遜的一個教訓，教我們要懂得仔細規劃的必要性。假設特別行動任務小組的領導者聽進建議，徹底想過可能的情況，他就不會走這條路。他和他的小隊應能想出替代方案，可以防止部隊受傷、車輛遭毀，並讓他們成功完成任務的機率大增。

法則

謹慎計畫是決定任何任務成敗的關鍵。我們在《主管這樣帶人就對了》的第九章〈審慎計畫〉裡就寫道，任務計畫代表「絕對不要把任何事視為理所當然，要為可能發生的狀況預作準備，在部隊執行行動時要把成功的機會拉到最大、風險降到最低」。戰鬥的風險當然顯而易見，然而，商業世界裡也有重大風險，關係到的是人的生計：工作、事業、資本、策略性先發行動以及長期成就。領導者必須針對可掌控的事物做出審慎的權變計畫，藉以管理風險。然而，並非所有風險皆可控。

做計畫時，也有領導者必須找到平衡的二元性。你無法為每一個可能的情境都做計畫。如果想要替每一個可能發生的潛在問題都預先找出解決方案，會讓團隊不勝負荷、讓規劃流程不勝負荷，也會導致領導者要做的決策太過複雜。過度計畫並沒有防範或解決問題，反而增添了問題，有時候甚至引來難度更高的問題。因此，**領導者務必僅專注於行動每個階段中最可能發生的情境上。在每個階段挑出三到四種最可能發生的情況，再加上最糟糕的局面**。這樣可以幫助團隊做好執行上的準備，提高任務成功的機率。

然而，很重要的是，領導者在管理規劃的二元性時不能太偏向另一邊：對於可能發生的情境規劃不足。當領導者對於可能出現的威脅或問題嗤之以鼻，就是讓團隊陷入更大的難題，很可能導致任務失敗。團隊每一個層級的領導者都必須與自滿和過度自信相抗衡。在戰場上或是商業創舉上贏了幾次，成功後最容易醞釀出傲慢。戰鬥領導者絕對不可忘記戰爭關乎的是部隊的生死；商業界的領導人也不可變得冷酷無情，不在乎員工與同事的生計或事業，或是自己投入的資本。每一種風險都要審慎評估、權衡，並拿報酬與風險相比較以求得平衡，成功之後團隊能得到哪些利益，又能如何嘉惠策略性的任務。聚焦的謹慎權變計畫，是管理這類風險與求得勝利的關鍵。要平衡這兩種極端的二元性很困難，但是，很重要的是每一位領導者都必須了解，若要成功就必須計畫，但又不可過度。

業界應用

「我真不敢相信，我們已經完整檢視過各種可能的情境了，」營運長說，「我已經提出我的顧慮了，但還是沒有人把這些意見當一回事。」

我和喬可坐在營運長的辦公室。我們來到這裡，是為了要啟動一套領導發展與調教方案，替這家公司的資深高階主管與中階經理人做相關的培訓。該公司近年來頻頻成功出擊，有一大部分理由是他們擁有一個聰明且積極的領導團隊，勇於把公司打造成一家重量級的市場參與者，直接迎擊主導業界的競爭對手。公司成功了就有助於募得更多資本，他們最近就拿到了滿手的錢。也因此，公司現在有豐沛的資源，可以為了擴張而大肆投資。

一次一次的凱旋，讓公司的高階主管團隊與部門主管有了信心，但誰的信心都比不過執行長。執行長下定決心要成長，而他最不缺的就是宏大的空想。公司的營運長力促大家要審慎，仔細評估涉及的風險。

「你最擔心的風險是哪些？」喬可詢問。

「我們現在想要同時在各個面向壯大。」營運長回答。

「成立一家子公司成本高昂，而且會有風險，」營運長說，「我們卻要同時成立兩家不同的子公司。我們也要擴大辦公空間，新聘幾十名行政人員，而且還受限於一份長期租約，要在企業總部大樓裡再租下三層樓。這算起來會多出百餘間辦公室，是一大筆長期費用。這些計畫現在看起來很合理，但萬一市場下滑或是我們出現嚴重的製造問題，這些計畫就會陷入危機。」

「嗯，這些都真的可能發生。」我說，「聽起來，你的團隊需要更詳細的權變計畫。」

「聽我說，」營運長繼續說，「我很樂於接受在擴張時要承受一些風險，但是我們要想一下如何因應這些風險。我很擔心我們過度借力使力。」

「你認為執行長為什麼會同時去進行這些先發行動？」我問。

我們曾和幾家處於快速擴張模式的企業合作，有些公司積極推出先發創舉，成績斐然，有些則同時承擔太多風險，耗盡大量資本卻只得到微不足道的報酬，導致他們必須拉回來，用更謹慎的策略追求成長。

「我明白現在在做的每一件事都是因為其中大有機會，」營運長回答，「我也非常需要我們能夠成長，擴大市佔率，但我們確實沒有去做你現在講的權變計畫，而這就是問題所在。聽好了：如果市場下滑或是我們要大規模召回某項產品，再加上又倒了一家子公司，損失很嚴重，但不至於造成災難。然而，如果兩家子公司同時倒了，對我們公司的利潤來說就會是一大打擊，很可能導致整家公司關門。」

在仔細進行權變規劃之下，執行長和公司的領導團隊採取相關行動，以降低前述的可能性。如果他們把心力放在一開始先開一家子公司，確立成功地位之後再開第二家，這會是比較安全的賭注。

「那，額外的行政支援呢？」我問道，「你覺得這不需要嗎？」

「我理解我們需要額外的行政支援，」營運長回答，「我們收到很多部門主管的要求，要我們提供更多支援，這一點我理解。然而，簽下多年租約租下昂貴的辦公空間，大到足以容納一百間辦公室，我認為太過頭了。我們為何不是多租一層樓就好，而不是租三層？誰知道一、兩年後的經濟會怎樣？公司只看過好光景，我們的歷史還不夠久，還沒有經歷過壞世道。如果經濟下滑衰退，我們失去大量業務，那該怎麼辦？公司還是要支付這些額外的薪資，而且就算我們要員工離職，辦公室空出來我們還是受限於長期租約，並燒掉我們可能無法得到的大量資本。」

他的顧慮聽來合理。顯然，他並非完全規避風險，但他知道事情可能不會盡如人意，他敦促大家要謹慎看待公司承受的風險水準，而且公司根本沒有採行任何行動來減緩風險。正因如此，權變規劃才這麼重要，影響任務的成敗。

「我們在戰鬥時，」我對營運長說，「至為重要的是要審慎評估風險，並針對可能出錯的事物提出權變計畫。做過分析之後，我們發現有很多是可以透過控制以緩解的風險。權變計畫幫助我們採取必要步驟，為戰鬥時不知道會出現哪些結果預做準備。這和你以及你的團隊此時面對的情況並無不同。」

「在拉馬迪，我們如果要進入由敵人把持、威脅極高的地區，」我說，「我們就會採取行動，緩解敵人攻擊的風險。路邊的炸彈或土製炸彈是最嚴重的威脅，因此，在情況最糟糕的地區我們不會駕車，我們會以徒步巡察的方式走進去。我們會在非常可能遭到敵人攻擊的建築物裡設置狙擊手掩護位置，並布置多個位置互相支援。針對這些情境做計畫可以幫助我們管理風險，即便是面對在那種環境下的極高風險，也會有用。」

喬可補充：「你或許認為，海豹部隊裡的人都是蛙人硬漢，不管怎樣都會朝著槍聲飛奔而去。在很多情況下，我們確實是這麼做的，我們必須在槍林彈雨之下展現勇氣，並且願意用生命冒險。但我們不能愚蠢行事，我們不能冒不必要的風險，那會妨礙我們完成策略性任務，並害部隊身處險境。」喬可繼續說，「身為領導者，我們必須明智處事，緩解我們可以控制的風險。審慎評估風險，我們就可以擬出權變計畫，才可以用最高效的方式執行，完成使命的同時也讓部隊承受的風險降到最低。」

喬可向營運長說明，訓練時我們會讓海豹部隊的領導幹部接受測試，讓他們學會謙遜，期盼能讓他們不用從攸關生死的戰鬥當中學到這些教訓。

「我們會利用『射擊屋』來練習穿越走道、進入門口和清空室內等行動。進行這些訓練時，我們通常用的是漆彈或訓練用子彈這類模擬火力來對抗假扮的敵人，這些通常是海豹部隊教官或志願者扮演的壞蛋或敵對兵力。」喬可說。

喬可說明我們會設計多種情境，引誘海豹部隊任務小組陷入惡劣的情境，此時，領導者就必須退一步，分析風險。

「其中一種情境，」喬可說，「是海豹部隊的教官人員會設置有掩體偽裝的『敵方』機槍位置，涵蓋整條長走道，假扮的敵人會在這裡和海豹部隊排上弟兄交戰，他們的位置有掩護，想要清空建築物的海豹部隊突擊兵力無法輕易攻擊他們。海豹部隊的領導者會派兩位射擊手往走道一路向前衝，迎向敵軍戰火。這兩名海豹隊員會遭遇炮火猛攻，幾十發漆彈高速打在他們身上，就像針扎一般。教官人員會打倒他們（這兩人會收到指令，要他們倒在走道上面，模擬遭到殺害），海豹部隊的領導者通常又會再多派兩名海豹部隊射擊手向前衝。從艱困的位置發動攻擊的結果，必然也是相同的：又有兩名海豹隊員『遭到殺害』。之後，海豹部隊的領導者會再度派出兩名射擊手，一直到走道遍布屍體為止；謝天謝地，還好這些都是假死。」

「此時我們就必須介入，」我補充，「問問海豹部隊的領導者：『你認為，繼續派出更多弟兄送死是一個好主意嗎？』如果領導者的答案為否，我就會說明衝鋒陷陣迎向敵軍砲火很英勇，但是有勇無謀，只會瓦解整隊的兵力。更糟糕的是，他們離成功完成任務根本還遠得很，完全無法消弭威脅、清空建築。我會指導他做權變計畫：想一想用另一種方法來解決問題，我會問：『你能不能派兩名海豹射擊手到建築物外面，從不同的方向攻擊？有沒有其他的出入口、窗戶或走道讓我們可以從後方來攻擊敵人？』」

「當海豹部隊的領導者明白，如果他想成為成功的領導者，他不僅可以這麼做，甚至是必須這麼做，我們就可以看到他腦子裡的燈泡亮起來，開始出現想法。」喬可說，「領導者的責任，是去減緩你能控制的風險。」

「我也在這類艱困的訓練情境中因為相同的問題而掙扎過，」我對營運長說，「這種時候，很難看清楚該怎麼做。但等到我理解之後，我就明白如果我們花點時間擬定謹慎的權變計畫，就可以表現得更好。如果我在展開行動之前先想過應該怎麼做才能以最好的方式因應可能的情境，當我真正遇到時，就能更輕鬆做出決定。更好的是，如果我能事先向團隊報告，讓他們知道如果遭遇什麼樣的情境該怎麼做，他們就會做好執行的準備，就算當下沒有立即的指示，他們也有能力行動。」

「最好的是，」喬可補充，「當海豹部隊的領導者徹底想過可能的情況（比方說房子裡有掩體偽裝的敵方機槍射擊位置），並仔細規劃要如何因應這種情況，他們就能想出替代方案，達成使命的同時，也降低海豹突襲部隊的風險。這表示他們或許可以從假扮敵人沒有預測到的地方進入建築物，攻其不備。一旦變成現實，海豹部隊這排的弟兄就能重挫敵方士兵，完成使命，而且一兵一卒都不會少。」

「這也就是你該介入的地方，」我說，「所有業務活動本質上都有些風險，詳盡的規劃，理解可能發生的情境並擬出行動計畫，可以幫助你緩解風險。**你不可能為了每一件事都做計畫，也不應該陷入過度計畫當中，但你必須穩健規劃，減少可以控制的風險**。找到計畫與過度計畫之間的平衡非常重要，聽起來，此時此刻你需要的是多做一點計畫，萬一某些可能發生的情境成真，你才能做好充分的準備、從容因應。」

就這樣，我和喬可鼓勵營運長向上領導指揮鏈，整合出一套完整的計畫，納入明確的風險評估以及有助於緩解風險的權變計畫。營運長勇往直前，積極規劃以達成執行長的目標，在擬定了詳盡的權變計畫前提下，確保能完成長期任務目標的機率達到最大。

Chapter 11

謙遜，但不被動

萊夫·巴賓

2006
伊拉克拉馬迪中南區密西根道
Route Michigan, South-Central Ramadi, Iraq

悍馬車駛過主要道路，長驅直入到拉馬迪市中心，車隊上的每個人都很緊張；這一條路是美國部隊口中所說的「密西根道」。道路白天時很寬闊，說起來或許讓人費解，此地雖然經常遭受猛烈攻擊，但沿路仍住有一些當地人，路上也有平民老百姓的車輛往來。

每一處坑洞，或是散布在街上的每一堆垃圾，都可能是引發烈火、碎片與死亡的土製炸彈。一路上屢見不鮮的炸彈坑以及焦黑的汽車殘骸，都是殘酷的提醒。埋伏也是一大威脅。攜帶火箭炮和機槍的叛軍士兵，很可能隱匿在附近的建築物裡，隨時準備好發動攻擊。

海豹部隊的砲塔手要負責操作重型機槍，隨時緊盯威脅。他們站立時胸口和頭部會露出悍馬車的車頂，暴露在車輛的防彈板之外。每一座砲塔三邊都有武裝防護，但是砲塔手還是很容易成為攻擊的目標。我們留在車內的人，也要盡量透過厚重、布滿灰塵的裝甲擋風板和窗戶眼觀四面，觀察是否可能出現任何攻擊。砲塔手是車隊最好的防衛，我們的態度則為他們提供最佳的保護：我們非常進取，警戒的槍手拿著武器指向所有方向，隨時做好準備，一看到威脅時勇於發動猛攻。我們的目標是要讓所有的潛在攻擊者心生猶豫，多想一下是要親自品嘗苦果，還是等下一次再攻擊其他比較輕鬆的目標。聖戰士（mujahideen）★很愛講他們願意殉身，但是他們並不想用我們的方法殉身。如果可以在他們造成任何損傷之前先除掉他們，會是一大嚇阻。

目前為止，我們在這次巡察中展現的積極姿態，再加上一點運氣，非常有效果，完全沒有任何可見的威脅。我們的車隊駛過拉馬迪市中心，經過位在拉馬迪政府中心區（Ramadi Government Center）的陸戰隊前哨站以及另一處名為退伍軍人事務大樓觀察站（Observation Post Veterans Affairs，簡稱OPVA）☆的地方，這是一大片暴力荒涼當中象徵希望與安全的小小堡壘。管理這些前哨站的英勇陸戰隊弟兄，來自海軍第二陸戰師第八陸戰團第三營的第十一連與十二連，他們經常承受人數眾多的叛軍發動的猛烈且協調得宜的攻擊。他們重兵防守的前哨站隱匿在防護網的包裹之下，以免遭到敵方狙擊手威脅，把操作武器、處於持續警戒狀態的年輕機敏陸戰隊弟兄掩藏起來。

我們和美國陸軍的鬥牛犬小隊們合作過幾十次的戰鬥行動，同樣也感佩他們，珍惜彼此的同袍情誼。我們的車隊剛剛駛離的法肯前哨，就是鬥牛犬小隊的行動基地，「主砲」麥克．巴吉馬和陸軍弟兄就在那裡生活與工作，和深入拉馬迪中南區的敵軍奮戰。布魯瑟任務小組海豹部隊第三排和配合的伊拉克士兵，過去二十四小時已經在拉馬迪這個危險地區執行過一項狙擊掩護任務，以及一連串的現場巡察，經歷了幾場「大雜燴」硬仗，第三排用這個詞來指激烈的槍戰。我們也在伊拉克夏天的酷熱當中完成了另一系列的激烈戰鬥行動。只要我們能抓到幾名敵軍，干擾他們的攻擊與行動上的自由度，而且他們沒有抓到我們任何人，那天就是美妙的一天。雖然我們已經在中南區完成戰術目標並離開法肯前哨，但戰鬥行動一直要等到返回基地才算完成。美軍在伊拉克最多的傷亡都是因為土製炸彈攻擊車輛，我們利用車隊離開基地與回程的旅途，就是統計上行動中最危險的部分。

我們的悍馬車以高速繼續行駛，同樣開在路上的平民車輛會靠邊，讓出更寬的路幅。雖然多數車輛載的都是老百姓，但任何一輛車都可能是會引發大規模致命爆炸的汽車炸

★ 聖戰士：「mujahideen」是阿拉伯文，意為「穆斯林聖戰士」，指參與聖戰的人。伊拉克叛軍用這個詞自稱，美軍則取簡稱「聖戰士」。

☆ 退伍軍人事務大樓觀察站是美國陸戰隊的前哨站，位在伊拉克之前的退伍軍人事務大樓。

彈。駕駛機動通過平民車輛，盡可能和他們保持距離。我們繼續走過跨越哈巴尼亞運河（Habbaniyah Canal）兩岸的橋，以這條運河為界，拉馬迪市中心區就和西邊的塔米姆（Tameem）隔了開來。走著走著，我們也快到基地了。

大家都累了、倦了，疲憊得不得了。伊拉克夏日如酷刑一般的炙熱大發威，過去超過二十四小時的行動期間我們的重裝備已經讓人汗如雨下，每個人的臉龐早就都浸濕了，我們期待一到基地就能快快沉溺在物質享受當中：冷氣、淋浴、熱騰騰的食物和暫時無需去擔心隨時會有人受傷死亡。很快地，我們來到從密西根道往歐格登門（Ogden Gate）的叉路；這是美國在此地主基地拉馬迪營區的後門。

「右轉，右轉。」導航員從無線電裡呼叫，汽車慢慢駛過前往門口的路，距離只剩約兩百七十公尺。謹慎朝向歐格登門前進，是明智之舉。負責拿著機槍掩護我們的陸軍弟兄不能被別人看見，他們躲在重裝警戒的塔台之後，以垂下的防彈網作為掩護。這些弟兄經常要承受敵軍兵力攻擊，狙擊、機槍和迫擊砲的火力對他們來說早已經是家常便飯。駛離密西根道的鋪設路面之後，通向入口處的路因為美軍重裝坦克和武裝車輛不斷進進出出而破碎不堪，揚起的細沙變成一團團厚重的飛塵，跟著氣流瀰漫在整部車內。這種「來自月球表面的塵土」讓人連呼吸都難，也讓我們監看車內與車外時視線模糊，不管是前一輛或後一輛車，明明只相距短短幾公尺，但都看不清楚。

我們的車隊停在一輛充當門柵的大型M88裝甲救濟車前面。每當重達六十八公噸的M1A2艾布蘭主戰坦克或是二十七公噸的M2布雷利戰車壞掉了，就需要出動大型車輛拖吊，M88便應運而生。但在歐格登門這裡，M88的用途是擋住通道，阻止敵軍用車載土製炸彈（vehicle-borne improvised explosive device，簡稱VBIED）這種破壞性最大的武器發動的潛在攻擊，白話來說就是大家常講的「汽車炸彈」。我們會在主要通道口向美國陸軍登記，告知我們的代號以及所有人數。一旦他們算清楚之後，就會有一位陸軍弟兄跳上M88，發動引擎，履帶喀哩喀啦開始大聲作響，然後他會把這輛大車移開，讓車隊能夠回到現在我們稱為家的基地。

一旦回到基地，砲塔手以及車內的每一個人就可以放輕鬆。出門在外的每一刻都是戰鬥時間，一直要到進入門柵的那一秒才能放下。然而，一旦入內，就只剩下行政常規，開車經過基地，回到拉馬迪營區裡我們生活與工作的地方：鯊魚基地（Sharkbase）★。戰鬥的壓力暫時放下了，收音機裡不斷傳出笑話和讓人心情輕鬆的戲謔。穿過基地的路領著我們越過汽車墳場，這裡堆著被土製炸彈攻擊後，扭曲變形、燒成焦黑的美國與伊拉克武裝車輛殘骸。這是殘酷的提醒，警示我們外面有多危險，還好我們運氣好有老天保佑，才能

★ 馬可．李伊二〇〇六年八月二日殉職，之後我們就把鯊魚基地更名為馬可．李伊營區（Camp Marc Lee）。

順利撐過另一次行動，又一次成功穿越這座的危險城市。

我們越過拉馬迪營區，開出側門口，就要開上另一條路帶我們前往鯊魚基地。我們把車停下來，來到大街上的檢查站前，後方的兩棟鐵皮屋頂木造建築就是我們的小窩兼第三排的規劃室。

「全部停下來，全部停下來。」無線電裡傳來呼叫。

任務完成了。我打開悍馬車的重型武裝門，走了出來。確認了我的武器都清空也很安全之後，我就把武器和頭盔放在排裡的桌子上，然後去見喬可。

他的辦公室在主樓裡，那是一棟大型的圓形建築，在美國入侵伊拉克之前曾是海珊政府人員的豪宅，如今成為我們的戰術作業中心。我走過廚房進到戰術作業中心，和布魯瑟任務小組的值班人員打招呼；他們是資訊系統技師與行動專家，當我們在外陷入危險時，就會和他們聯繫。這些非屬海豹部隊的支援人員，是隊上很重要的一部分。我走進喬可的辦公室，和他打招呼。

「上帝是蛙人。」我衝口而出我們返回基地時常說的一句話，「我們這次又有一些千鈞一髮的場面，但總算把大家都毫髮無傷的帶回來了。」

我告知喬可所有人員和裝備都到齊了，全都平安返回基地。

「太好了，」喬可帶著笑容回答，「歡迎回來。」

在拉馬迪執行過愈多行動，我就愈明白即便用最謹慎的態度去規劃並且盡力緩解風險，仍然大有機會發生駭人傷害或死亡，實際上這種事也不斷出現在我們所有的行動中。每一次行動時之所以能保住每個人，靠的全是老天保佑。老天爺常常眷顧我們，多次帶領我們化險為夷，因此，我們相信上帝一定也是海豹隊員，或者，套用水中爆破小隊（Underwater Demolition Team）前輩的說法，祂是蛙人。

戰鬥是嚴格的老師，拉馬迪的戰場更是殘酷。持續進行城市巷戰帶來的危險和挑戰，不斷地讓我們學會謙遜。我是第三排的排指揮官，常常也是許多戰鬥行動的地面部隊指揮官（資深領導幹部），**當我們大有斬獲、我有一點驕傲自負之時，常會碰到敵軍採用我們根本沒想過的創新戰術，或是用我們沒有準備面對的攻擊方法，我很快又變得謙遜**。最重要的是，我常領悟到有很多事我可以也應該做得更好，而這樣的體會不斷地讓我謙卑再謙卑：比方說，我明白到我本應更小心和其他我們支援的美軍兵力協調，以便去衝突；我應該更簡單、清楚且精簡地傳達身為指揮官的盤算；還有，我應該要賦予資淺領導幹部更多的權力。在此戰場上，「要謙卑，不然的話，就要丟臉」。

喬可坐在辦公桌旁，前面有一台電腦螢幕。他深深埋首於不同性質的戰鬥當中。他和他的任務小組人員處理更上級總部的各項要求、回答他們不斷提出的問題，還要在他們的指示之下編製堆積如山的文件。感謝喬可，他替我們擋下大部分這類苦差事，讓我、第三排其他人以及任務小組第四排弟兄可以專注在行動上。

「特遣隊一直跟我們要一位E6，支援一樁特別任務。」喬可告知我。

我完全聽不懂他在說什麼。特遣隊是我們的直屬上級總部，就在從我們這裡走下去三十英里外的費盧傑市；他們希望我們能調派一位有經驗的海豹隊員、最低階的上士士官，去他們那邊任職。

「什麼任務？」我問。

喬可說這是一樁很敏感的任務，列為高機密等級且重要性很高，只有指揮鏈上方幾個層級才看得到。

「這是更上面的CJSOTF交代下來的。」他說。

「CJSOTF」是「聯盟聯合特戰特遣部隊」（Combined Joint Special Operations Task Force）★的簡稱，這個單位負責伊拉克的所有特殊行動兵力。我知道更上級對特遣隊施加了不少壓力，要求我們提供人手。我理解這很重要，但也很憂心，上級總部顯然想要從我的排裡抽掉寶貴的人力資源。我的保護本能出現了。

對任何領導者來說，要從情境裡抽離出來、並放眼除了自身團隊所擔負的直接任務之外的事物，非常困難。領導者自然的反射性反應，是抗拒分享資源或重要的人員，因為這會讓自己要負擔的直接工作更困難，哪管這最終能為更廣義的團隊與策略性目標帶來好處。然而，身為領導者，有一件很重要的事就是要夠謙遜，看到自身之外的需求。我從喬可身上學到謙遜是最重要的領導者特質。在布魯瑟任務小組裡，沒有傲慢自大的空間。自我們來到拉馬迪之後，一次又一次證明了喬可講的謙遜真的很重要。

我理解這個世界並不是圍繞著我和我直接管轄的第三排轉，此時此刻，拉馬迪和安巴爾省（Anbar Province）周邊地區有許多大規模行動，我們只是其中的一小部分。我們很榮幸，有機會替在拉馬迪努力戰鬥的美國幾千名第一裝甲師第一旅戰鬥群陸軍與陸戰隊弟兄提供支援。

謙遜也意味著理解我們無法弄清楚全部事情、無法找到全部答案，也代表我們必須向其他在拉馬迪待了更久的部隊學習，和他們合作以支援指揮鏈並協助任務進行。重點不在於我們參與了多少行動、又殺死了多少壞人，以我們支援的大規模反叛軍行動來說，真正衡量成敗的指標，是這座城市是否能長治久安。我們要謙遜地去理解，我們的上級總部、特遣隊和上級指揮鏈可能具備我們所沒有的策略洞見。

謙遜，代表要理解上級長官策略性指令的重要性，代表要竭盡所能支援和我們合作的

★在美軍的用語裡，「聯盟」（combined）意指多國，「聯合」（joint）意指多種部隊，包括美國軍方各不同分支。

常規部隊、由我們訓練並提供戰鬥建議的伊拉克士兵，當然還有我們自己的指揮鏈。謙遜，代表我們要放下身段，遵循指示拿出自己最出色的能力做好工作。

在此同時，謙遜也有著相對的二元性：**謙遜不代表被動，不代表事態嚴重時不能反擊**。我看不到或者無法全盤理解長官以及他手下特遣隊人員的策略盤算，但他們也不了解策略性指示或要求會如何衝擊我們在前線的戰術行動，而我要負責把這樣的資訊上傳到指揮鏈。謙遜要用知道何時堅守立場來求得平衡。

我們收到指示要和伊拉克士兵合作時，我就親眼見證一個絕佳範例。喬可在《主管這樣帶人就對了》的第三章〈相信任務〉（Believe）裡就說得很詳細，講到布魯瑟任務小組一來到拉馬迪，聯盟聯合特戰特遣部隊就要求我們以及其他也在此戰區的特別行動部隊行動時要「偕同、聯合與透過伊拉克安全部隊」，這代表我們要和訓練不足、裝備不好而且常常不值得信任的伊拉克士兵合作。我們一開始很排斥，之後我們想清楚了為何他們會下達這樣的指示。在完全理解背後的理由並向各排宣導之後，儘管任務本身極為困難且危險，布魯瑟任務小組還是接下挑戰，正面迎擊。

但很多其他美國特別行動部隊不聽命，其中也包括一些海豹部隊。他們不接受「偕同、聯合與透過伊拉克安全部隊」的精神，反而以字面解釋指引，在美軍的行動中「加入伊拉克面孔」。有些時候，這代表只有單一的伊拉克臉龐：很多美軍部隊的戰鬥行動由二、三十名美國人組成突襲部隊，其中只有一、兩名伊拉克士兵。伊拉克人站在後方，出任務時少有貢獻。

為了克服這種心態並強化指示的精神，聯盟聯合特戰特遣部隊更制定具體數字，要求每次行動時美國特別行動人員與伊拉克士兵（或警方人員）的人數必須達到一定比例。他們要求，每一位美方特別行動人員必須搭配七名伊拉克士兵。這在許多伊拉克地區看來非常合理，因為當地有眾多伊拉克士兵，而且威脅程度並沒有這麼大。但是，在拉馬迪地區，和布魯瑟任務小組合作的伊拉克陸軍部隊人數不足，而且他們還要負擔太多任務；這裡就是沒有這麼多伊拉克士兵。任何一項行動可以調度的伊拉克士兵人數如果受限，代表我們如果要遵循規定的比例，在多數行動上總共只能派出二到三位海豹隊員。在伊拉克其他比較沒這麼動盪的地區，只有三、四名美國特別行動人員再加上十二到十六名伊拉克士兵就可以執行戰鬥行動，而且不至於危害整隊兵力的生命安全。但這裡是拉馬迪，是被恐怖分子把持的動盪之地，也是伊拉克恐怖叛軍的集中地，我們沒有這樣的餘裕。在對抗戰鬥經驗豐富、裝備精良且意志堅定的敵軍時，伊拉克部隊在槍戰中發揮不了太大的作用。如果有二、三十名叛軍組成的部隊攻擊我們，由大部分伊拉克士兵加上少部分美軍組成的部隊，很有可能無法抵擋，全軍覆沒。這個可怕的結果並非空談，這是沒有準備好面對暴亂場面的美國部隊在拉馬迪的親身經歷。

身為任務小組指揮官的喬可，了解「偕同、聯合與透過伊拉克安全部隊」非常重要。事實上，他指示的行動方針和多數其他海豹以及特遣部隊剛好相反：他要求我們每一次行動都要帶著伊拉克士兵。我們也認同。然而，當上級頒布比例指令時，我和喬可談這件事，並說明這對第三排來說有何意義、我們能調度的伊拉克部隊如何有限，以及為何這會危及海豹隊員和我們的使命。

喬可也同意，考量整體任務的利益與人員的安全，這一次他該拒絕。

「我們無法遵循指示，」喬可和特遣部隊的指揮官通電話，「我理解訂出命令的理由，我可以保證，在執行每一次任務時，我們會盡可能帶著最多伊拉克士兵同行。在拉馬迪此地，由於我們執行的任務類型不同，在這個危險的地帶，如果我們遵循比例，很可能導致我們某個小隊的負荷量完全超載，他們被殺的機率很高。」

特遣隊的指揮官和他的幕僚人員理解，他們絕對不想危害海豹部隊行動人員，更不想損害我們參與的任務。由於我們很少反彈什麼事，素有謙遜遵循上級長官指示的美名，我們已經和上級指揮鏈培養出信任，因此，當我們的任務團向聯盟聯合特戰特遣部隊說明環境條件，他們就撤銷了布魯瑟任務小組的比例規定。

身為第三排指揮官，我也用大致相同的角度來看待調派一名有經驗的上士去參與其他任務的這個要求。無論新任務有多重要，對第三排來說都是在部署期間放走了一名重要的領導幹部，這會讓我們的戰鬥能力跛腳，也奪走了重要的領導經驗。

我和我的第三排排長湯尼談了這件事。我們排裡只有兩個這個階級的人：一位是我們的士官長，他在排裡扮演重要的領導角色；另一位是克里斯・凱爾，他是我們的首席狙擊手兼先鋒，他的經驗與技能是我們的狙擊掩護任務得以順利成功不可或缺的要件。更麻煩的是，由於我們經常要分成人數更少的小隊，由缺乏經驗的領導幹部在外一肩挑起所有責任，在沒有我或湯尼監督之下獨立行動，因此，我們這兩位上士士官長的經驗非常重要。不管少了哪一位，不但會損害我們在戰場上的表現、降低我們的成效，還會大幅提高風險，而我們作戰的環境早就已經充滿危險。

對我來說答案很清楚，對湯尼來說也是，我們就是無法遵行指示，我必須針對這一點提出反對意見。

我和布魯瑟任務小組的資深士官顧問談這件事；他就是實際上負責調派任務小組所有士官人員的人。

「我們無法遵循這個命令。」我對他說。

「第三排要負責支援，」他堅持，「這是指揮官的指示，我們別無選擇。」

我試著解釋這個命令對於第三排的衝擊，但他再度對我說我們別無選擇。這真的沒有道理。

於是我去和喬可談。我已經做了決定，平心而論，我們根本無力遵循指示。我知道，如果我可以向喬可提出有力的論點，他會在他能力範圍內盡一切可能支持我和第三排。

我對喬可說，我很清楚這個專案很重要，我理解其中的策略重要性，也知道戰區很多資深指揮官都在關注此事，但是，如果我們遵命，就必須減少執行很多行動，難以支持「掌握、清空、堅守、建造」策略，但這才是我們的主要焦點。

「請恕我難以遵命，我不想害我們的團隊失敗，面對可能致命的後果。」

在拉馬迪戰役密集戰鬥最激烈的期間流失一名海豹領導幹部，對於第三排的行動能力來說將會是一大災難。這代表我們在戰場上的成效將會降低，本排要承受的風險也更大了。

喬可回絕了特遣隊，也傳達了我的顧慮。在聯盟聯合特戰特遣部隊的壓力之下，我們的特遣隊堅持我們要服從。我理解我上面的指揮鏈承受壓力，需要我遵守指令，但我不能被動地任人調走任何一名關鍵領導幹部、對我的團隊造成傷害。如果這表示必須開除我，我也絕對不會任憑這種事發生。

最後喬可介入，向上級解釋失去這種有經驗的海豹隊員代表了什麼意義，這番變動又會對策略造成哪些負面後果。後來他們找到替代方案補足人力，讓第三排免於失去團隊裡的重要人員。

雖然領導者不可被動，但也必須設定優先順序，知道何時何地應該回絕指令。領導者有責任支援指揮鏈，執行上面交代的指示（請見第九章〈要做領導者，也要做跟隨者〉），拒絕主管交下來的命令或任務，應該是很罕見的例外，絕對不可以成為規則。在無須回絕指揮鏈的交代時卻抗命，既無必要也不明智。如果挑戰與質疑命令成為常態，就會損及資淺領導與指揮鏈上級的關係，一旦事關重大、必須拒絕上級的指令時，這會削弱反抗的力道。

在布魯瑟任務小組，我們在前述兩件事上之所以能成功，完全是因為我們謙遜行事，藉此和特遣隊指揮官以及他的幕僚人員先培養出強韌的關係。當他們要我們提交書面資料時，我們遵命，而且是準時提交經過妥善編校的優質成品。當他們要我們拍攝訓練與戰鬥行動中的伊拉克士兵照片，我們遵命，更努力做到比任何人更好。當特遣隊要求我們出發執行任務之前先把所有設備存量編序造冊，我們付出了額外的時間與精力，把事情做好。我們所接下顯然不重要的要求可以列出一長串，在日夜城市激戰的緊鑼密鼓節奏之下，要遵循這些指令並非易事。其他部隊很可能會排斥這些小事，但在布魯瑟任務小組，我們不抱怨；反之，我們理解這些行政命令背後必有一些重要理由，因此我們把事情做好。更重要的是，我們知道藉由把這些看來不重要的小事做好，可以強化和指揮鏈的關係，在極罕見的情況下發生在策略上真正有礙任務、會讓部隊承受更高風險的事件時，才有本錢挑戰命令。

謙遜行事是和指揮鏈培養信任的關鍵，當我們在拉馬迪和美國陸軍與海軍陸戰隊密切合作時，也是能和他們發展出強韌關係的重要因素；我們的生死存亡與任務的成敗，都要仰賴這些部隊。

我們和麥克·巴吉馬上尉以及他手下的鬥牛犬小隊陸軍弟兄已經培養出絕佳關係。「主砲」麥克·巴吉馬是鬥牛犬小隊的連指揮官，領導將近兩百名陸軍弟兄以及一百多名伊拉克士兵，駐守法肯前哨，深入由敵人掌握的拉馬迪中南區核心地帶。他和他的陸軍弟兄經常為我們冒上生命危險，我們也對他們肝膽相照。這是一種以信任、互相尊重與崇敬為基礎的關係，然而，事情並不是一開始就這麼順利。

我在規劃階段時初見麥克，當時美軍尚未在拉馬迪中南區發動首次的重要行動以落實第一旅戰鬥群提出的「掌握、清空、堅守、建造」策略。這是一項大規模的行動，我們海豹部隊要進入此地區巡察，會是這裡第一批的美國部隊。麥克的坦克部隊與步兵團會跟著我們，他們是戰鬥行動的主力。進行規劃時，我們聚集在拉馬迪營區他的連總部外，這裡是大盜任務小組的據點。我走向他，自我介紹。

「上尉，」我用他在陸軍的軍階稱呼他，「我是萊夫·巴賓中尉，我們很期待與你和你的小隊合作。」

麥克狐疑地回看著我。

「海豹部隊來安巴爾省做什麼？」他問，「你們這些人不是應該在波斯灣開船嗎？」

這是諷刺。他在開玩笑，但無疑是在諷刺我們。我沒想到我們的對話會變成這樣，但我仍微笑以對。

「可能吧，」我回答，「但我們來安巴爾這裡支援你們的工作。」

麥克是職業軍人，他並無意表現無禮，但他要領導由坦克部隊和步兵團組成的美國陸軍加強連隊，有太多事要盤算。他很可能不太知道海豹部隊一個排有哪些能耐，因此不確定我們如何能支援他的工作。

另外還有，很多美國的陸軍與陸戰隊常規部隊和特種部隊的合作經驗都不太愉快。包括海豹部隊在內的特種部隊，可能非常傲慢自大。我之後才發現，麥克和他的部隊就有過這種經歷，他們之前和其他特種部隊合作時不太順利。特種部隊認為他和他的弟兄不專業，拒絕和他們分享情報，也未將他們納入規劃流程，這些特種部隊行事傲慢，合作起來就衍生出很多問題。麥克很有可能預期我、我們海豹部隊第三排以及布魯瑟任務小組也是這樣，但我決意證明我們恰恰相反，更要和他培養出強韌的關係。

我們和其他海豹部隊與特種部隊單位不同，我們鬍子剃得乾乾淨淨，穿的制服平平整整，而且都理著很短的頭髮。喬可知道常規部隊很看重展現專業的外表，他要求我們要好好保持，不可逾越規範。這大有幫助，替我們營造了很穩健的第一印象。而更重要的是，我們用麥克和他的弟兄該得的尊重相待，我們也是這樣對待每一位陸軍與陸戰隊弟兄。鬥牛犬小隊以及我們合作的其他陸軍連隊都是出色的軍人，積極進取且意志堅決，一心緊追敵人、殲滅敵人。武裝部隊調度坦克的技能一流，步兵團在執行巡察與清空行動時更是毫無所懼。要和他們培養出好關係，我們只要別像個自大的渾蛋就好了，不要自以為是海豹部隊就帶著自我優越感。謙遜大大有助於強化關係。

兩個星期後，第一旅戰鬥群又展開一系列的行動，進入不同的地區，設立法肯前哨。麥克和鬥牛犬小隊是主力，我們再度擔任地面的美國前導小隊，負責開路並在高地設置警戒，在他的士兵進入此區時保護他們。

從法肯前哨行動當中，麥克理解了我們是怎樣的人，又如何能幫助他順利完成任務。我們的海豹隊員冒著極高風險，推進到最危險的地區，在高地設置監看點，並在陸軍弟兄建立前哨站與巡察周圍街道時掩護他們。

但是，真正穩固我們和「主砲」麥克以及他手下陸軍弟兄關係的，卻是一些微不足道、看來一點都不重要的小事。我們一直在法肯前哨站街底的一棟大型建築物裡，堅守狙擊掩護位置。守了兩天之後，我們需要再補給。我們巡察回到法肯前哨站休息，重新補給，為了下一次的行動做準備。當我們的海豹隊員與偕同的伊拉克士兵走進院區，進入相對安全的戰鬥前哨，剛好看到鬥牛犬小隊的士兵正從停在街上的半拖車上把沙袋搬下來，要從樓梯搬上前哨站主樓的三樓屋頂。我們的人已經累壞了，正想坐下來脫掉頭盔和防彈衣，趕快喝點水和吃點即食餐。

可是半拖車裡有幾千包沙袋，我覺得，當這些陸軍弟兄正在勞動時我卻坐在那裡休息，這樣不太對，所以我就問麥克能否讓我們幫忙。

「我們做得來，兄弟，」麥克回答，「我知道你們已經追兩天了，而且很快又要執行另一項行動，你們都要休息一下，我們會處理這些沙袋。」

我望向我的排長湯尼。他永遠都做好準備，要做蛙人硬漢，這表示，我們會接下非常危險或體力負荷很重的任務。湯尼對我點點頭，這是一個非口語的信號：我們動手做吧。

「否決，」我回答麥克，「我們來幫忙搬沙袋。」

我要第三排的人以及其他和我們一起的海豹隊員放下戰鬥裝備，去搬沙袋。排裡傳出一些咕噥聲。他們很熱、很累，準備好要休息了。很有可能，我們裡面的某些海豹隊員覺得自己高人一等，不該去搬沙袋，他們很「特別」、是「菁英」，我們應該把這類工作留給「常規」部隊。他們錯了。

這些美國陸軍弟兄都是值得尊崇的傑出戰士，他們之前曾經開出重裝火力的坦克，把海豹部隊第三排以及合作的伊拉克士兵從敵人致命的攻擊中救了出來，這些士兵撐著我們。相互的支援，是讓各團隊能建立起良好關係、為了彼此執行「掩護與行動」的重要關鍵。此外，我也想到，我們用沙包強化在屋頂上的機槍位置，這也會直接為我們提供支援。我們要去深入敵軍把持的地區執行戰鬥行動，在進進出出安全的前哨站之間，所有的行動都要靠他們掩護。這些機槍位置愈是安全，當我們在街上調度行動時，他們就愈能為我們部署火力。

在接下來四十分鐘，我們在樓梯間走上走下，搬運沙袋。這是很好的健身活動，但是有人可以縮短完成任務的時間，並幫助鬥牛犬小隊把他們的頂樓機槍位置架設得更安全。

這看來是小事，但顯然大大幫助我們建立起絕佳的關係。麥克和鬥牛犬小隊的陸軍弟兄看到我們並沒有自認高人一等，不覺得比他們更優秀也沒有看不起體力活。這證明了我們的謙遜，也更鞏固了已經很強健的關係。

之後，鬥牛犬小隊的陸軍弟兄一再地冒著絕大風險，為我們海豹部隊第三排提供協助與火力支援。每一次我們要求協助的時候，他們就會助我們一臂之力，趕來救援，每一次都是。我深愛這些陸軍弟兄以及他們稱為「主砲」的勇敢指揮官麥克，我永遠不會忘記他們。

我也永遠不會忘記謙遜對領導者來說有多重要。領導者必須謙遜，必須傾聽他人的聲音，不可以驕傲自大。但是領導者也必須加以平衡，要知道有時候必須質疑上級，要拒絕，要挺身而出，確認為了正確的原因去做正確的事。

法則

謙遜是最重要的領導者特質。當我們必須開除排上或任務小組裡的海豹部隊領導者、拔除他們的領導地位時，多半不是因為他們在戰術上的表現不穩健、體能上達不到標準或是不稱職，最常見的理由是此人不夠謙遜：他們放任自尊作祟，拒絕接受有建設性的批評或不願意為了自己的錯誤承擔起責任。同樣的道理也適用於商業界。我們在《主管這樣帶人就對了》裡專門用了一章來討論這個問題（請見該書第四章〈拋開自尊〉）。**謙遜是和他人培養出強韌關係的必備要件，無論是指揮鏈的上級還是下級，還是直接指揮鏈之外的輔助團隊，全都適用**。

有些領導者做過頭了，謙遜變成了錯誤。太過謙卑對團隊來說很可能等同於災難。領導者不能被動。事關重大之時，領導者必須要願意拒絕，要提出自己的顧慮，要為了團隊的利益站出來，還要為指揮鏈上級提供回饋，反對他們知道會危害團隊或有損策略性任務的指令或策略。

這是困難重重、難以平衡的二元性。但是和所有二元性一樣（比方說，要堅決果斷，但不可霸道專橫），能明白有兩種相反的力量在拉扯，就是領導者能善用的最強大工具之一。領導者必須夠謙遜地去聽見新的構想，願意學習策略上的真知灼見，並以開放的態度執行更新穎、更好的戰術與策略。但領導者也必須做好準備，顯然會出現大家不樂見後果、對任務造成負面衝擊並危害團隊時，要堅定地挺身而出。

業界應用

「你們根本連試都不試，」惱怒的執行長說，「沒有人真正落實這套新的軟體系統，你們都在抱怨，告訴我沒有用，但你們根本連用都不用。我要每個人都上緊發條去做。」

會議室裡傳出一些難辨的抱怨聲，但是沒有人反駁執行長的指控，也沒有人明確提出反對意見。我清楚看出這家公司裡很多重要領導幹部不認同這套計畫，但無人出頭反對執行長，至少在公開討論場合中看不見。

我們坐在一家大飯店的研討會議室裡，這家很成功的科技公司來了三十位重要領導幹部與會。執行長和公司裡許多資深領導者都讀過《主管這樣帶人就對了》，而且深深受到這本書的影響。執行長把這本書納入公司的領導力培訓方案，他很努力要在自家團隊中落實這些法則。公司召集了關鍵領導幹部，為他們舉辦領導力異地培訓課程，並要我來提供相關指導。

我以拉馬迪戰役以及我們在當中學到的心得為題做了一場領導力簡報，《主管這樣帶人就對了》都已詳述了內容。簡報時間大約一個小時，之後我開放時間供大家提問與討論，以協助他們把這些法則直接應用在業務上。

「關於絕對責任，」我重複了我剛剛才詳細討論過的主題，「且讓我們來談談各位在所屬的領域如何針對問題擔負起絕對責任並化解難題。更重要的是，各位在哪些面向沒有這麼做？又有哪些是你可以擔負起更多責任的地方？以及，你在哪些地方指責別人或是希望由別人替你解決本應由你動手的問題？」

執行長很想回答，他馬上發言。

「我對於沒有人要負責我們的新軟體系統感到有點灰心，」他說，「這件事我們已經談了好幾個月了，但是仍沒有人要負起責任，我只聽到一大堆的藉口。」

我在心裡就他的評論做了筆記，這段話本身就是不負責任，將建置新系統的成效不彰歸咎於其他人。真正的絕對責任代表要檢視自己，檢驗自己有什麼可以做得更好。正因如此，絕對責任才「簡單，但不隨便」。人性總是歸咎他人，容許自己為了困難而感到挫折，把別人當成問題，而不是自己。他講的話絕非擔負絕對責任，這種指責別人與尋找藉口只會引來更多相同的行為。

我們在很多領導者身上都常見到這個問題：好的領導者或許讀過《主管這樣帶人就對了》很多遍，也醉心於書中所提的概念，但是在落實的時候仍然非常辛苦，一下子就回到了舊的窠臼，也因此，問題從來都無解。

「有沒有什麼理由導致各位都刻意不用新的系統？」我問會議室裡的大家。

室內一片讓人不安的沉默。

「你們根本連試都不試，」執行長插話，「你們都在抱怨，卻沒有人真正落實這套新的軟體系統。我認為這都是在抗拒變革，而且不管是什麼變革，就連會讓我們更好的改變都不要。」

執行長顯然對於他的領導幹部群感到很挫折，他明顯覺得他們不服從他為了提升公司績效所下的重要行動指令。

「我們在新方案上已經投下大筆金錢，」執行長繼續說，「也花了好多年的時間醞釀。我們聘用顧問、我們檢視各種選項。決策已經定案，現在只剩執行了。」

「每個人都明白背後的理由嗎？」我問會議室內其他領導幹部，「你們都清楚公司為何要轉向新的軟體系統嗎？」

有些人點頭，但在場有超過一半的人沒有回答，他們要不是乾坐著，要不然就是聳聳肩。顯然，公司需要更詳細向大家說明背後的理由。

「看來公司需要更清楚說明為什麼要這麼做。」我直接對著執行長說出了我的意見。

「我已經說明過很多次了，但我會再說一次。」執行長說，「隨著公司成長以及客戶和專案數目不斷增加，我們需要更有效的管理、支援、追溯和後續跟進。我們的軟體系統已經屬於古董等級，比起最大競爭對手用的系統早就不知道落後到哪裡去了，這是他們的一大賣點，如果我們不升級，業務將會一直落到對手手裡。」

「這樣大家都懂了嗎？」執行長問。會議室裡其他人也點頭了。執行長知道自己需要展現他負起了責任，因此他繼續說：「我認為我已經把理由講得很明白了，但顯然並非在座每一位都很明白。」

執行長的說明回答了一些問題，我終於懂了為何會議室裡有些人逃避新系統，公司裡顯然至少有一小群高階領導幹部清楚需要新系統的理由，但這不夠。

「我懂為什麼，」有一位部門的領導幹部回答，「我也完全做好了準備，因應必須找到新系統的需求。」

「那為什麼沒有建置新系統？」我問，「問題出在哪裡？」

「我認為這是因為大家都太安於我們向來的做事方法，」執行長附和，「變革向來很難，大家都不希望改變。」

「不，我很歡迎改變。」那位部門領導幹部反駁，「我知道我們必須改變，但我並不認為你選擇的新系統就是解決方案。系統解決了一些問題，卻替我們製造更多麻煩。」

這是一個起點。然而，執行長克制不了自己，開始介入討論。

「我認為那不叫……。」執行長開始論述。

我打斷他。

「請等一下，」我插嘴，「這是很好的回饋意見。這正是我來到此地的理由，我是來幫助各位展開討論的。請讓我們聽聽他怎麼說。」

執行長理解也聽從了我的話，對那位部門主管點點頭，要他繼續說。

「你能說明一下新軟體系統替你的團隊製造出哪些更嚴重的麻煩嗎？」我問這位部門主管。

主管說了，他開始詳述新的系統如何對他某些最賺錢、最重要的專案造成負面衝擊。他不是只有抱怨，他顯然做過研究，發現新系統有一些重大缺失，很可能嚴重損害公司的策略性任務。

另一位部門主管也補充：「我的團隊也有同感。新的軟體系統理論上非常出色，但實際上有很大問題。幾個星期前我們在討論建置新系統時，我手下兩位最值得信任的第一線幹部就對我點出了一些重大缺失。」

執行長臉上露出了憂慮的神色。「這正是我需要聽到的回饋意見。」他說。

「我們都試過和你說，」部門主管堅稱，「我們有好幾個人都試著反彈。」

「你們或許試過，」我回答，「但顯然你們之前並未有效地像現在這樣提出論點。」

我解釋，以他們來說，問題不在於他們不夠謙遜。他們顯然已經謙遜到底了，完全認同主管的權威以及策略上的見解。

「但你們沒有半個人站出來，齊力拒絕新的軟體系統。你們一開始或許有把話說出來，但是因為執行長的權威而退縮了。」我繼續說，「沒錯，他是老闆。沒錯，你們要執行他的指令。但是你們會認為他希望你們建置一套可能垮掉的系統嗎？」

「當然不會。」我自問自答，「就像我們在《主管這樣帶人就對了》裡第十章寫的，你們大部分人也都讀過的，此時此刻就該向上領導上級指揮鏈。」

我對公司的領導幹部指出他們必須仔細評估優先順序，思考要在什麼地方反彈。當然不可以什麼事都反。如果他們這樣做，事關重大時，就不會有人認真思考他們的顧慮。然而，如果策略性任務或是團隊最終的利益會遭遇危險，就是領導者必須反彈的時候。我對他們說，做不到這一點，就不夠資格成為領導者，也會讓團隊和任務都失敗。

「這並非新概念，」我解釋，「兩百多年前，拿破崙（Napoléon Bonaparte）就提過這個議題。他在《拿破崙治兵語錄》（*Military Maxims of Napoléon*）裡主張：

> 每一位明知計畫很糟糕還去執行的大將軍，都要受責。他應該清楚傳達他的理

由，堅持變更計畫，到最後甚至要辭去職務，不能成為毀了軍隊的工具。★

「如果你很被動，如果你不反彈，」我說，「那代表你沒有向上領導上級指揮鏈。主管需要也想要聽到你們提出的坦誠回饋。他很可能根本不知道你們有意見。」我開玩笑的說。

其他人咯咯笑了起來，執行長也微笑。他顯然明白他在這件事上太過霸道專橫了。他有滿腹熱情要給整個團隊一套策略性的解決方案，但他卻不聽他們說、不回答他們的問題，也不查探他們確實有根據的憂慮。

「老實說，」執行長說，「我本來以為，你們之所以反對都是因為你們抗拒變革，而不是你們對於新系統有疑慮。」

「現在我才明白，我之前就應該拿出傾聽的態度，請各位提供意見，」他繼續說，「我不應該一聽到有人反彈就要你們閉上嘴。」

對執行長來說，這次的經驗是一次很好的學習，對於團隊來說，他們也學到了重要的

★《拿破崙治兵語錄》由阿克利（J. Akerly）自法語譯為英語版（New York: Wiley and Putnam, 1845），文中引用部分請見第七十二則語錄（Maxim LXXII）。

一課，有助於未來前行。為了公司好也為了能順利完成任務，執行長需要尋求回饋意見並處理重要領導幹部的疑慮，他要鼓勵部門主管暢所欲言講出自己的意見並表達他們的歧見。執行長犯了常見的錯誤，他並未完全領會到自己的地位有多大的權力。他是主管，他手握大權，多數人拿不出勇氣直接反抗他。重點是，執行長必須完全理解自己的地位享有多大的權力，也要知道現實是大部分的人都不願意去挑戰這份權力。

至於部門主管以及團隊內的其他關鍵領導幹部，這是一記警鐘，讓他們覺醒自己辜負了團隊；如果他們不反抗，不願意向上級指揮鏈提出清楚又直接的回饋意見，以完整說明公司的策略性目標會遭受哪些負面衝擊，那他們就是失職。一旦執行長理解他們擔憂的原因，他就緩和了下來，並賦予前線領導幹部權力，讓他們自行開發新的軟體系統來解決問題。

Chapter 12

專注投入，但也要客觀超然

萊夫・巴賓

2006
伊拉克拉馬迪西區
Western Ramadi, Iraq

呀喀——呀喀！呀喀——呀喀！呀喀——呀喀！

子彈從水泥地板和牆面反彈，沒有人會認錯的全自動 AK-47 炮火聲，在狹小、煙霧瀰漫室內的周圍引發了震耳欲聾的回音。

我們要迎擊門後的攻擊，我心想著，開火了。

我們已經沒有任何奇襲招數，只能在外側門使用爆破開通炸藥，如雷的爆炸聲足以吵醒整個地區。空氣裡瀰漫著捲起的煙塵，我們進入建築物時視野受限，難以掃描威脅。但一進入室內，我們就發現只有一個小玄關可以通向另一道鎖住的門，而這道門又可以通往主屋。海豹部隊第三排和伊拉克士兵整好隊排成一列「火車」（這指的是一列射擊手，一旦破門，隨時就準備進入室內），眼前所見是地板上四處散落著破掉的玻璃和碎屑。

我們的情報指出，這棟房子裡住的叛軍以美國和伊拉克聯合部隊為目標，計畫並執行多起致命性攻擊。最近一次的攻擊計畫得很完備，也經過充分的協調：叛軍部隊用機槍從四面八方攻擊一處伊拉克陸軍的前哨（這裡有一小群的美軍顧問）；接著，他們極精準地將迫擊砲拋入院區。負責哨站安全的衛兵慌了，急忙過來處理，此時另一名叛軍開著裝滿炸藥的卡車衝入院區，引燃巨大的火球，死傷慘重，一片狼藉。堅守陣地的美國海軍陸戰隊和陸軍顧問展現非凡的勇氣並予以還擊，拯救了院區裡的每個人。不幸地，有一位美國陸戰隊弟兄和一位陸軍弟兄被殺，另有六位伊拉克士兵死亡，並有幾人受傷。這處原本固若金湯的前哨一時間土崩瓦解。然而，此事對於伊拉克部隊的士氣造成的打擊，遠遠比人員死傷、基地遭到破壞更嚴重。攻擊過後幾天，一個連幾百名的伊拉克士兵幾乎跑光了。叛軍發動了一次粉碎軍心的攻擊。如今，布魯瑟任務小組有機會逮到或殺掉其中一名攻擊行動的首腦，我們的目標是要順利完成任務。

我們等著衝過下一道門時，突然之間一陣自動步槍的槍聲響起，大家馬上警戒。毫無疑問這是一把AK-47，是伊拉克叛軍的主要武器。

「他們在門後對我們開槍，」另一位海豹隊員用冷靜但響亮的聲音說，「待命，等著來一點。」

他很快就得出與我相同的結論，大家也都一樣。這正是我們早已做好準備要應對的可能情況。我們追蹤的恐怖分子很可能有武裝，絕對願意、更可以說是急切想要把我們都殺掉，和他一起的每一個人也都相同。「列車」前端的海豹部隊射擊手拿著武器，指著關好鎖上的門，準備和任何即將出現的威脅奮戰。「列車」後面的一位海豹隊員找了一下裝備，拉出一顆手榴彈，這顆M67爆破手榴彈（或簡稱為爆彈）是準備用來緩和威脅。如果敵軍朝我們射擊，我們需要拿出預設為積極行事的心態，解決問題。這樣的反應是常識，我們不會在進入室內時任憑等在那裡的敵軍開槍撂倒我們。

正當這名海豹隊員從裝備包裡取出手榴彈，並拆開我們用來固定引線的膠帶，我感覺到有點不對勁。我從「列車」裡退出來，環顧四周。我們有足夠的武器，可以因應室內可能會有的威脅。我是攻擊部隊的指揮官，是攻擊部隊的資深領導幹部，我們正要進入室內捉住主要目標，如果對方朝我方射擊，在交戰規則下殺了他也是合理之舉。

最重要的是，我可以將我的武器指向沒有威脅的地方。我有很多海豹部隊的射擊手，他們的主要工作就是處理威脅。身為領導者，我的武器瞄準的方向總是遠離威脅，對著天花板，我們稱之為「高夾槍」（high port），指用武器對著天空。當我用高夾槍的姿勢持槍，就不會再以狹窄的視野看著下方，而是改為環顧四周，觀察身邊的一切。這讓我的視野拓展到最大範圍，可以看到當下正在發生的事情並評估情況。

我這麼做時，發現到「列車」裡有一名「軍德士」（jundhis）★表情困惑，低著頭瞪著自己的AK-47。我看到子彈在他腳邊的水泥地上打出了一個洞，前面的海豹行動隊員離他只有幾吋。一下子，情勢明朗了，這並不是敵人從我們前方的門後開火，開槍的位置是在我們身後，就是這名身在我們射擊手「列車」裡的軍德士。剛剛他身上發生的事，我們俗稱「走火」（accidental discharge，簡稱ＡＤ）。他像個笨蛋一樣，關掉了武器的保險裝置，把選擇鈕切到全自動。在此同時，他又不當地將手指放在扳機處，一時緊張之下，他扣下扳機自動射出一連串子彈。在他前面的是一名我們第三排的海豹隊員，距離僅有幾吋，還好都閃過了子彈。

這個時候，我們正要破門而入，把一顆爆彈丟進隔壁房間，殺掉另一頭在榴彈致命爆炸範圍內的每一個人。

「把爆彈拿開，那是走火！」我大喊，聲音大到讓房間裡的每個人都聽到。

「什麼？」在「列車」後方的海豹隊員難以置信地回答，「是誰？」

他很快就看到我以及我隔壁的其他海豹隊員瞪著惹麻煩的軍弟，軍弟的臉上交雜著驚恐、訝異和愧疚。

「列車」前方第一批射擊手拿著武器守著上鎖的門口，握著爆彈的海豹隊員則把榴彈安全地放回裝備中的榴彈袋裡。一名海豹部隊的爆破手很快上前，在鎖上的門前放了一枚小小的爆破炸藥，大家退到安全距離之後。

砰！

門炸開了，前兩名海豹隊員進入，其他的海豹隊員和伊拉克士兵很快跟上。在門另一邊的房間裡，我們見到一名役男年紀的男性，是這一戶和他整個家族的族長，他有一名妻子和四個孩子。他沒有武裝，而且完全不抵抗。他和我們逮捕的多數聖戰士一樣，在大庭廣眾之下讚揚聖戰，但等到哪天晚上被粗暴的人持著武器破門而入，就會害怕地蜷縮了起來，躲在婦孺身後。我們拘留了這些犯人，「列車」繼續往前推進。我們的突擊部隊清空了建築物其他地方，我聽見無線電網裡傳來喬可的聲音。

「萊夫，我是喬可，」他說，「聽到槍聲，你們還好嗎？」

喬可是地面部隊的指揮官，負責兩隊突擊部隊（包括我們）以及悍馬車機動部隊，他人就在這棟建築物外面，和車輛一起。他聽到開火的聲音，聽出來是一把AK-47。他假設

★ 軍德士（jundhi）或軍弟（jundi）：是阿拉伯文的「士兵」之意，伊拉克士兵用這個詞自稱，在伊拉克的美國軍事顧問也慣用這個稱呼。

我們真的遇到武裝敵軍抵抗，耐心地等著我們提供最新消息，他知道我一定忙得不可開交，等到我有空時就會向他回報最新狀況。

「喬可，我是萊夫，」我回答，「那是走火，一名伊拉克士兵。」

「收到。」喬可簡單回覆了我。其他主管可能會問更多內情，比方說為什麼會發生、走火的是誰、有沒有人傷亡以及有沒有抓到目標對象等等，但喬可相信我可以控制情況，如果我需要協助，我會說。

就在突襲部隊清空建築物裡最後幾個房間時，有一位最得我信任的海豹部隊士官（他是本次行動的突擊隊長）跑到剛剛走火的軍弟面前，他剛好就是差點被伊拉克士兵亂飛的子彈打到的那個人，他很不高興。此人從軍弟手上搶走 AK-47，撤掉彈匣，清空整把槍。他抓住搞不清楚狀況的伊拉克士兵，對他劈頭痛罵。軍弟不會說英語，但從海豹隊員的態度和手勢來看，訊息很清楚：他闖了一場大禍，很有可能害我們當中的某些人重傷，甚至死亡。他也害我們差一點要用上榴彈，那可是會讓很多平民因此嚴重傷亡。

我們還有事要做，在情況一發不可收拾之前，我介入了。

「我們把他帶到外面。」我說。我們找來一名口譯人員，要他把命令翻成阿拉伯語，然後我叫軍弟到外面的其中一輛車子後面坐下，安靜等著。AK-47 來福槍現在已經沒子彈了，一名海豹隊員送他出去到卡車那邊，確認他有遵守命令。

抓到目標對象之後，我從無線電裡傳話，告知喬可以及機動部隊的其他海豹隊員。我也向負責處置犯人的團隊追問後續的狀況，他們現在正在辨識這名役男年紀男性的身分。很快地，我們就證明他正是我們正在尋找的叛軍首腦。

喬可從前門過來，進入目標建築，來看看我們有什麼發現以及是否需要任何支援。

「我們抓到他了。」我一邊說，一邊對著走進房間裡的喬可豎起大拇指。「這裡就是我們抓到的人。」我指著囚犯說。這名叛軍的雙手都被我們用繩索綁了起來，之前也徹底搜過他的身。

「剛剛真是好險。」我對喬可說。

「是啊，」喬可說，「你們破門之後我就聽到幾聲 AK-47 的槍聲，我心想，喔，你們就要來一點了。」他一邊說，一邊微笑。

「我以為我們要迎擊的是門後的攻擊，」我說著，「我們差點要丟一顆爆彈到隔壁房間，如果真的丟了，很可能會殺死那個女子和她的幾個孩子，要不然就是害他們身受重傷，那將會是一場災難。」

好嚇人，我心想，一邊思量著在戰鬥的混亂當中真的好容易出現這種事。萬一真的發生了，這將會變成我們每一個人的沉重負擔，讓我們良心不安。這也可能會變成敵方的重要宣傳內容，他們早就試圖把我們和其他美國部隊抹黑成屠夫，以阻嚇當地人民不要和我們以及伊拉克政府站在同一陣線上。這很可能會對弭平叛軍的策略性任務造成重大負面影響。

「感謝老天爺，還好你沒有讓這種事成真。」喬可說。

我也在心裡跟著他的話默默祈禱，感謝上天讓我們免於面對恐怖的後果。現場充滿了煙霧、灰塵與彈跳的子彈，身在此境，非常容易陷入細節裡面，無法分辨最初得出的結論是錯的，也忘了錯了的話會出現多麼可怕的後果。當我人在「列車」當中並把注意力集中在進入下一道門的威脅上，我很難看到更大的格局，不知道發生了什麼事。然而，當我一抽身，從射擊手「列車」中退開並環顧四周，馬上看到了實際的情況。這是非常深刻的一課：**領導者必須客觀超然，必須往後退一步、超脫在戰鬥之外，才能看到更大的格局**。這是唯一的高效領導方法。若非如此，將會導致極慘重的後果。

這次的經驗是最近一次的提醒，讓我想起我在拉馬迪最初參與幾次的戰鬥行動，其中一次我也學到同樣的教訓。當時我太執迷於細節，最終導致和策略性局面脫了節。

布魯瑟任務小組抵達拉馬迪不久之後，我們的情報單位給了我第一份的目標套裝包，裡面有一名嫌疑叛軍的身家資訊、他所屬的夥伴組織以及我們認為他人在何處。這是我第一次以突襲部隊指揮官的身分執行的真正行動，要去突擊，逮捕／殺死目標對象。我也把目標套裝包給喬可看，並告知我們打算在當晚發動行動。喬可在之前的伊拉克部署經歷中有許多領導這類任務的經驗，他放手讓我和我的重要領導幹部去做戰術規劃，幫助我們順利運作，透過指揮鏈取得必要的核可。這次行動要能通過審核，需要大量的文書作業：要有幾張詳述內容的簡報投影片，再加上長達幾頁的深入說明文件。此外，我們還要和負責此戰地的美國陸軍部隊協調，因為我們規劃要在他們的地盤上行動。我們也需要透過伊拉克士兵的指揮鏈取得許可，這樣他們才能和我們一起出動。

我們花了很多時間做行動計畫，也取得了必要的核可，但我沒有做到客觀超然，我身陷其中，一心想的都是細節。我為了取得核可花了太多心力去處理文書，卻沒有付出該付出的時間去處理計畫本身。這是在「判斷狀況的緩急輕重與執行」時的失策。我花太多時間埋首在雞毛蒜皮的事情裡，看不到團隊需要把心力集中在有限的時間上。當出發行動的時間逐漸逼近，我們卻連行動要略報告都還沒完成，我也不確定我們真的已經做好準備可以出動了。還有，我們也還沒得到展開行動的核可。時間壓力節節高漲，我把我的挫折發在喬可身上。

「我不相信我們可以及時做好準備展開行動，」我對他說，「我認為應該把行動延後，等到明天晚上再進行。」

喬可不同意。

「萊夫，」他用讓人安心的語調對我說，「這沒那麼困難，你和你排上的兄弟已經做足準備了，你會看到的。我們會得到核可。你就繼續進行，去做任務簡報，一獲得核可我們就出發。」

我整個人都陷入眼前各項規劃與執行本次任務的工作上，但喬可很超然。他看到了更大的格局，他知道，對我們、對布魯瑟任務小組來說，在地面部署的前幾天就盡快展開多項行動是非常重要的事。

「我們需要引發動能，」喬可說，「我們要在部署的頭幾天盡量展開多場行動，這樣我們才能累積經驗，並讓特遣隊對我們有信心。如果可以及早創造出足量的動能，就可以定出我們的基調，帶領我們順利度過在這裡部署的整段期間。」

為了取得核可與計畫過程中的細節多如牛毛，讓我招架不住，也使得我看不見具有策略意義的願景。此刻我才看出更大格局的模樣，我們當晚就要展開行動，不可拖延，這一點非常重要。

再一次看清楚整件事之後，我就下定決心要實現目標。我們完成任務簡報的最終版本，快快補足計畫中的缺口，並向團隊做任務簡報。總結作戰命令之後，我們隨即獲得核可，並展開行動。亦如喬可所言，這沒有那麼困難，我不用想太多。我們捉到叛軍，收集到一些情報，毫髮無傷返回基地。等我們回來，我就走進喬可的辦公室找他。

「你說對了，」我說，「沒這麼難。」

如今回顧，我體會到當時我需要在「判斷狀況的緩急輕重與執行」這件事上做得更好。要能有更佳的表現，我又需要做到客觀超然：不要把過多的心力投入在細節上，反而要多關注規劃與核可流程中範疇比較大的面向。我排裡的弟兄會處理細節，我也信任他們會這麼做。如果不這樣安排，時間就會悄悄流逝，我們也會忽略了非常重要的事情。我知道，盯著策略性格局並把這些觀點傳達給排裡弟兄是很重要的事，然而，僅有在我不被戰術細節拖著的時候我才能做得到。

這裡也存在著二元性，要在當中找到平衡點至為困難。這次我學著要從細節裡抽身，這樣才能展現更高效的領導。但幾個星期之後，我又以很痛苦的方式學到另一面：如果領導者太過超然，太不顧細節，就會忽略重要的關鍵步驟，也會損害團隊的表現。

某一次在拉馬迪執行完作戰行動返回基地之後，現實狠狠摑了我一巴掌。我們回到鯊魚基地營區，幾個小時之後，我的士官長過來找我報告壞消息：第三排的海豹部隊首席通訊兵（或稱無線電通訊兵）告訴他，我們遺失了某種具敏感性的通訊設備配件。

我措手不及。「怎麼會有這種事？」我吃驚地問。我們已經制定了嚴謹的程序，以確保隨時妥善控制這類高機密性且必要的設備。所有美軍部隊都適用這些程序。

我去找我的海豹部隊首席通訊兵。

「發生什麼事？」我問他。他告訴我他是怎樣才發現裝備掉了。顯然，他和我們另一位無線電通訊兵沒有遵循適用的程序，這是很嚴重的事，對第三排來說更是難堪。更糟糕的還在後面，這會讓大家對布魯瑟任務小組和整個海豹部隊有負面印象。

我必須向喬可報告發生什麼事，他很不高興。他自己之前也是海豹部隊的無線電通訊兵，他很清楚必須遵行嚴格的程序，第三排違反程序，明顯代表了紀律散漫。

我的海豹部隊通訊兵讓我很火大，他們很清楚；但更重要的是，我對自己感到火大。我在究責。責備我的無線電通訊兵絕非挑起絕對責任。這是我的錯，而且我心知肚明。我抽得太開了，我給通訊兵太多的空間了。我沒有定期查核，以確認他們確實遵行了程序。我離得太遠，完全沒去管第三排通訊單位的細節。

第三排在前一年展開年度訓練循環，一開始，我比較會去盯著通訊設備程序。我的首席通訊兵早期犯過一次大錯、但快速改正，之後他定期證明了一切都在掌控之中，我很信任他運作這個單位的能力，就放手讓他去做，把我自己的注意力放在他處。而且，坦白說，當我們來到拉馬迪戰地，我有太多事要管，讓我分身乏術。我忙得不得了，根本沒有時間去監督我的首席通訊兵、去核實他和其他海豹部隊無線電通訊員都確實遵循無線電設備管制程序。

在《向後轉：一位美國戰士的漫長探索》書中，大衛．哈克沃斯上校寫到他從他在美國陸軍裡的諸位明師身上學到了很基本的一件事：「在組織裡，大家只會把主管會查的事做好。」一定期根據程序做查核，能讓團隊了解我認為重要的是哪些事。如果我之前有用這種態度來處理無線電設備，我的通訊兵就絕對不會鬆了發條，他們一定會一再確認程序。我沒有提醒他們做這些事對我們來說非常重要、沒有做到的話又會造成哪些影響。

現在，布魯瑟任務小組就必須承擔這個失誤，而這是我的失誤。我們也針對萬一遺失這些裝備時如何處置制定了嚴格的程序，我要確定我們百分之百遵守。我們馬上把資訊報告給上級指揮鏈，並讓更上級的總部知道發生了什麼事。我們向整個部隊發出電子訊息，告知大家我們遺失了一項重要的通訊設備。這對我們、對布魯瑟任務小組和對第三排來說都是一記恥辱，對我本人來說更是如此。但我必須挑起責任，更重要的是，我必須確保我們永遠不會再犯這類錯誤。

我們取消了第三排當天傍晚本來要執行的戰鬥行動。這本來是一次很不錯的行動，我們為此規劃了好幾個星期，無法實際執行讓我備感失望。我們幾乎確定一定會是一場「大混戰」，可以殺掉幾名敵方戰鬥人員，還很可能對於拉馬迪市裡這個動盪地區造成一些重要的策略性影響。但我們只能搭上悍馬車，回到我們最後一次用到遺失設備的美國戰鬥前哨站。我們徹底搜索，但在以水泥圍籬和帶刺鐵絲網圍起來的前哨站周圍地區一無所獲。之後我們進行徒步巡察，沿著之前走過的路找；這條路上常有叛軍發動猛烈攻擊。要在這裡搜索是很困難的事，還好我們有足夠的海豹隊員，他們用武器掩護我們，讓其他人可以檢查人行道和垃圾堆。在嚴密搜查幾百碼距離之後，我們向後轉，排頭變排尾，回到戰鬥前哨站。

正當我們要回頭時，忽然聽到：

呀喀——呀喀！呀喀——呀喀！呀喀——呀喀！

兩名拿著 AK-47 步槍的叛軍出現在我們眼前，他們現身的那條小徑，剛好和我們巡察的主道路垂直相交。幾名海豹隊員馬上還擊，嚇得叛軍趕忙逃竄。我、馬可·李伊和克里斯·凱爾利用「掩護與行動」的戰術，跑過小徑追了下去。但是，等我們追到他們之前現身之處，這兩名叛軍早已逃得無影無蹤。他們的身影沒入有圍牆阻隔的住宅院落，隱身在擁擠的城市街區裡。

我們也該收拾好，打包回家了。我們一直沒找到遺失的設備。

對我而言，我學到和這種二元性相關的寶貴教訓。要能高效領導，我必須超然客觀，但我又不能太過置身事外。我不能執著於細節，但我還是應該去關注。我學到的這一課讓人謙卑，我永遠也不會忘記。

法則

領導者當然必須關注細節，但是，領導者不能太沉迷於細節，以至於和更大格局的策略情境脫了節，也無法統御整個團隊。

戰鬥時，如果只顧眼前自己的武器，你的視野就會很狹隘，只能聚焦在某些地方。你能看到的只限於小小的武器瞄準鏡範圍，看不到自己身邊或團隊發生了什麼事。那麼，確定領導者以預設的高夾槍位置持有武器，就變成一件非常重要的事：槍口要朝向天空，要站在後方，才能在最大的視線範圍下進行觀察。這讓領導者能環顧四周，甚至還可以四處走動，讓他最能掌控整個團隊。最重要的是，這能讓領導者以正確的角度看待任務的整體性目標。這番比喻也可以直接套用在非戰鬥的情境中。商業世界也是相同，領導者也必須確定自己不會身陷戰術性的細節裡，要保有超然客觀的能力。

我們在《主管這樣帶人就對了》的第七章〈判斷狀況的緩急輕重與執行〉寫道：

> 當行動計畫規模龐大而且計畫內又有各種錯縱複雜的小細節時，很容易就迷失在這些旁枝末節當中。非常重要的是……領導者要能……「把自己從火線上拉出來」，退一步，維持整個策略格局。

很多領導者都對這個重要的概念心有戚戚焉，這也幫助他們強化了自身的領導技能。超然客觀是一個現在進行式的議題，很多領導者在這方面都很辛苦。領導者不能讓自己太過執迷在細節裡面，這樣會無法聚焦在更大的格局上。對領導者來說，很重要的是他們要理解這應該是一種預設的心態，隨時隨地都要意識到。如果無法站上一個超然的高位，領導者就會辜負團隊，也會讓任務以失敗收場。

我們在《主管這樣帶人就對了》裡沒有清楚說明的是，必須在理解細節以及完全陷入細節、被瑣事淹沒兩者間求得平衡。領導者不能做過頭，不可以太過置身事外，和前線發生的現實脫節。領導者還是必須關注細節，理解團隊在前線執行任務時遭遇的挑戰，並站好自己的位置，為團隊提供最佳的支援。這裡必須平衡的二元性是：不可太過深入細節、被細節壓倒，但同時也不能太過於不顧細節，導致領導者無法掌控，使得團隊失敗、任務功敗垂成。

業界應用

「由於某些理由，昨天我在辦公室裡時沒有想到這件事。」羅伯（Rob）說，「但是，今天坐在這間教室裡，我忽然看清楚了我們這家公司應該把重點放在何處以強化流程並提高獲利能力。」

「模組化。」羅伯繼續說，「我們不管做什麼事，都要用模組化的觀點來思考，這有助於縮減派駐在現場的大量人力，那是很高的工時成本。這也可以增進我們的效率，有助於專案經理縮減營運支出。」

「聽起來前景大好，」我說，「這是很棒的觀察，我也想要請教在座的各位，更詳細了解這方面的相關內容。但在我們討論之前且先拉回來一下，分析為何你會突然看清楚這件事。為何你認為你昨天沒有想到這一點？又為何現在你可以輕易看出來？」我問羅伯。

教室裡的這些領導幹部都很清楚，這個問題的答案至關重要。體認並理解領導的二元性（亦即，必須平衡兩股相反的力量）是強而有力的領導工具，能幫助他們每一個人展現領導力，贏得勝利。

我站在教室前方，台下是一家鴻圖大展公司裡的十五位資深領導幹部。他們聘請前線部隊顧問公司替公司裡的資深領導幹部上一系列的領導發展與調教方案。多數的學員都是部門經理，具有豐富的業界資歷與知識。這家公司屢創佳績，也累積出了穩健的聲譽，讓他們可以搶佔競爭對手的商機，擴大自己的市佔率。隨著公司成長，資深高階主管團隊明智地注意到公司並沒有為資深領導幹部提供正式的領導培訓方案，但這有其必要。他們要求前線部隊公司開發一套課程，幫忙把他們讀到《主管這樣帶人就對了》裡的原則納入公司的團隊文化裡。我們一開始以一對一和學員面談進行評估，也和每一位學員的主管討論，我們設計了一門全天的密集培訓課程作為開場。之後，我們會安排後續追蹤培訓活動，每幾個星期一次到各個不同的地點，要跑遍這家公司的營運區域。

這一次是第三次的培訓課程，有些領導幹部不遠千里而來，暫時離開他們花很多時間經營的責任區域和主辦公室。不管我簡報的內容以及提出的問題和引發的討論是什麼，要求每一位學員擺脫日常工作前來參加培訓，就已經帶來了許多好處。這麼做是強迫他們抽離。他們發現，擺脫細節、壓力以及前線緊迫的截止日期之後，更容易明確看出具策略意義的優先事項是什麼、又該如何達成目標。客觀超然的概念在戰場上和戰場下、在商業界以及在人生中，都是很關鍵的領導技能。

我對羅伯和教室裡的每一個人重複問題：「你為什麼會認為你昨天沒有想到這一點？為什麼現在忽然之間又看清楚了？」

「昨天我忙著打電話、去處理幾個專案急需處理的問題，還要埋首在我的電子郵件收件匣裡。」羅伯回答。

「你陷入細節裡面，埋在旁枝末節當中無法抽身。」我深表同意，「你必須注意這些細節問題，你不能放得太開，但是，你也不能太過執迷。身為領導者，你的工作是要做到超然客觀，你要站到後面，看到更大的格局。」

「當你們來參與本次的培訓課程，就是從細節抽出身來，」我繼續說，「坐進這間教室裡，你們就已經抽離了，現在，要做什麼也變得更清楚。這是各位必須要學到的關鍵一課。」

我說出我在海豹部隊時如何學到屬於我的這一課。

我解釋，上了戰場，身為領導者，如果必須把武器的視線放低，視野就會受限，你能看到的，就會從身邊的一百八十度甚至更大範圍縮小到瞄準鏡或其他瞄準裝置的小小孔洞而已。用狹隘的觀點去看並不是領導者的工作，領導者要負責眼觀四面，看到更大的格局。我體會到，在握有大量火力的海豹部隊排裡，我的來福槍發揮不了太大作用；但是，如果我不負責監看四周，這個工作又要交給誰？沒有別人了，全都要看我。

「商業界的領導也是這樣，」我說明，「各位都是資深領導幹部，應該努力學著抽離，讓自己可以退一步，找到洞見，並且辨識出應該優先關注的事項。」

「然而，各位必須思考另一方面並找到平衡，」我繼續說，「你要做到超然客觀，但又不能太過放手，以至於完全不知道現在到底怎麼了。因為，如果你不知道目前的狀況，你就不能協助團隊，那代表你無法領導。」

為了向班上的學員闡述這種二元性，我對他們說起身為海豹部隊排指揮官的我，在射擊屋裡進行室內近身作戰訓練（團隊在這類訓練課程中練習清空室內與城市環境下的走道）時面對自己究竟該站在哪裡的難題。在更早之前待在另一排時，有人告訴過我，身為軍官我的角色是要站在「列車」的最後方。

「你為何要站在『列車』的最後面？」從上方狹小通道觀察第三排歷經射擊屋考驗的喬可問我。

「我認為那是我應該站的地方。」我回答。

「那你知道『列車』前方的弟兄發生什麼事嗎？」喬可問我。

「我不可能知道前面發生什麼事。」我承認。如果我不知道前面發生什麼事，我要如何領導？我絕對沒辦法幫忙隊上解決非常困難的問題、導引更多資源供我的射擊手運用，也無法適切的統御管控。

「如果你不知道發生什麼事，你就無法領導。」喬可對我說，「你不能站在後面，因為這樣你不會知道前面怎麼了。你也不能一路都在前面，因為這樣的話你會陷入每一個房間的清空工作，如果你在戰術細節裡陷得太深，就無法展現適當的領導統御。你必須站在中間的某個地方，要和大部分的部隊在一起，與前面的距離要夠近，可以看到正在發生的情況；但又必須站到夠後面，這樣才不會陷入瑣碎的戰術性任務當中。」

很有道理。這很簡單，但是喬可的指引讓我茅塞頓開。我有了信心，完全明白了身為領導幹部的我應該站在哪裡，最重要的是，我可以四處移動，看見當下發生了什麼事，並在隊上成員最需要的時候助他們一臂之力。這是非常重要的一課，我永誌不忘。

「想要找到微妙的平衡點，」我對這家公司的資深領導幹部說，「務必確認你在任何一個方向都沒有過了頭。我見過海豹部隊的領導幹部以及一些商業領導人走極端的例子。你們必須保持平衡：要客觀超然，但又不可太放手，導致你不知道發生什麼事、從而無法領導。」

「當團隊面對的狀況糟到一發不可收拾，領導者就必須介入，幫助團隊化險為夷。我見識過某些領導者自覺高人一等，不用跳下去解決問題。這就是很極端的放太開，我們把這種情況稱之為『戰地冷感』（battlefield aloofness）。這不是好事，很可能導致慘敗。」

我對這一班學員說起故事，講到我們在某次的訓練行動中觀察一個海豹部隊任務小組，喬可就用前述這個詞來形容一名過度漠不關心的領導幹部。

這名海豹隊員是一位任務小組指揮官，在某次的城市地形作戰實戰演練中擔任地面部隊指揮官。他領導的幾排弟兄在一棟煤渣磚建成的大型建築物裡面對一項困難的戰術問題，和多名用漆彈攻擊他們的假扮敵軍激烈交手。任務小組已經把車輛停在目標建築物外面，突襲部隊也已經下車，進入建築物內。這些人馬上和幾名躲得很好的「敵軍」激戰。很快地，幾名海豹隊員就遭到射擊，被訓練教官撂倒了，這代表他們必須假死或假裝身受重傷。海豹部隊其他突襲兵力被困在目標建築物內，動彈不得。他們需要協助、支援、指引和命令。在房子裡觀察海豹部隊各排實際行動的我和喬可，等著有個人挺身而出提供協助，但這個人一直沒出現。

「任務小組指揮官去哪裡了？」喬可痛苦地撐了幾分鐘，眼看問題愈來愈嚴重，他開口問了。我東看西看，但看不到他的人。

「我想他還在外面的悍馬車裡。」我說出我的想法。

我和喬可走出目標建築物，任務小組的指揮官仍不見蹤影。最後，我們走向停在目標建築物外街道上的那一輛悍馬車，我們看到任務小組指揮官在車裡，安適地坐在他的寶座上。我們打開悍馬車的重武裝車門。

「這是在搞啥米？」我借用了我們的弟兄、同時也是布魯瑟任務小組第四排前指揮官賽斯·史東最愛講的口頭禪，這名任務小組指揮官一個字都不敢吭。

「裡面怎麼了？」喬可一邊問著這位任務小組指揮官，一邊指著目標建築物，現在他的小隊就陷在裡面。

任務小組指揮官沒有答案，他低頭看著他的地圖，但是並沒有從悍馬車後座走出來。

「我在等最新戰況。」他回答，那態度彷彿一切都在他的掌握之中。

他打開他的無線電。「你們狀況如何？」他問他的排指揮官，也就是房子裡的突襲兵力指揮官。我和喬可也配戴了無線電，以便監督任務小組的通訊網路，我們才能聽到他們在無線電上交換的訊息，評估這兩人之間在領導上的溝通。

無線電沒有回音。排指揮官以及他手下的大部分弟兄都被困在房子裡，正在進行火光四射的槍戰。他們有幾個人（假裝）傷亡，其他人試著把這些人從熱廊（這是指有子彈四處亂飛的走道）上拖走。排指揮官所在的位置，甚至聽不到無線電傳來的訊息，更不用說回答了。

「請回報最新戰況。」任務小組指揮官在無線電通訊網上重述。

沒有人回報最新戰況，就這樣無聲無息過了半分鐘。

「所以現在情況是怎樣？」喬可又問。

「我不知道，」任務小組指揮官回答，「我在等人回報最新戰況。」

喬可轉身看著我，一臉疑惑。

「你可能應該去找你的突襲部隊指揮官，你自己去找最新戰況。」我說，「你不要再坐在車子裡。到處去看看，看你最能在哪些地方展現領導統御。或者，你也可以坐在悍馬裡，等著每個人都死光光。」

講完這些之後，任務小組指揮官才離開車子，走進目標建築物，試著去了解到底發生了什麼事。

「這叫『戰地冷感』，」喬可說，「這是我想到最適合用來描述他這種高度置身事外態度的詞了。」這指的是領導者根本完全抽離出來，完全不知道此時此刻發生了什麼事。他期待，如果有問題，總會有個誰去解決。這名任務小組指揮官實際上對於自己要從悍馬車裡出來領導小隊倍感惱火。但是，他很快就發現，當團隊即將陷入一場災難，領導者就該把客觀超然的態度放在一邊，親上火線，解決問題並協助團隊。這就是展現領導的時刻。等到問題一一化解，領導者就可以再度退回到抽離的位置。

利用這則小故事，我對滿室的領導者說明了平衡這種二元性至為重要：要專注投入，但同時也要客觀超然。現在，這一班的學員都了解他們要怎樣做才能最妥善應用這個概念，找到均衡點，領導自己的團隊爭取勝利。

後記

在領導面向上，一位領導者的每一個動向或每一個決策都有很多必須找到平衡的二元性，我們在本書中強調的這些僅是其中一小部分，二元性列表無窮無盡，每一項都可以在本書裡佔掉一章的篇幅。領導者很可能太過仰賴指標，太少關注員工或客戶的感受或想法；或者，也有可能情況剛好相反：太過在乎人的感受，卻忽略了數據。領導者的說話風格可能太過直接，震懾了團隊以及下屬領導幹部，或是讓他們落入防衛的心態；但也有可能太過拐彎抹角，以至於無法明確傳達訊息。領導者投資資本時可能太過，也可能不夠。他們可能過於快速擴大團隊、容許績效標準下滑；或者，他們培養團隊的速度太慢，導致團隊人力不足被壓垮。領導者可能太過專注在工作上、不夠關心家庭，損害了私人生活；或者，他們也可能為了要陪伴家人而忽略了工作，到頭來丟掉飯碗，也無法供養家庭。領導者很可能玩笑開過了頭，沒有人把他們當一回事；或者，他們也可能從不開玩笑，在團隊裡傳播毫無幽默感的悲慘文化。領導者可能太多話，使得團隊根本不再去聽他說了什麼；或者，他們也可能惜字如金，團隊根本不知道領導者的立場如何。

二元性的清單可以一直列下去，這是因為，每有一種領導者應該展現的正面行為，就有可能有人做得太過極端，這就變成了負面。領導者最重要的優勢，通常也會變成他最大的弱點，知道並理解這些二元性的存在，是讓它們免於成為問題的第一步。

第二步是要謹慎注意，領導者才能知道事情何時失衡了。如果團隊少了主動性，很可能是因為領導者無所不管。如果團隊胡搞瞎鬧、做不出什麼正事，代表領導者可能玩笑開過頭了。當領導者感受到自己的領導效率不彰時，就要謹慎檢驗，看看是哪邊失去了平衡，然後才能展開行動，在特定的二元性上重新找回平衡。

然而，當領導者採取行動、重新尋回平衡時，必須要謹慎行事，不可以矯枉過正。大家常犯一個錯誤：當領導者感受到自己在某個方向太過頭時，回應的方式就是往反方向遠遠走去。這樣做不僅沒有效果，還會火上澆油。因此，領導者應該要做的是經過衡量、計算後才進行調整，監督結果，然後繼續進行小幅度、往復性的修正，直到達成平衡。

回歸平衡後，領導者必須體認到均衡無法自行維持下去。環境會變化，包括下屬、領導者、員工、對手、戰場、市場和全世界，無一不變，這些變化都會打亂領導二元性的平衡。

領導者必須持續監督情境，出現變動時重新調整，才能回歸平衡。

要找到並維持平衡和領導上的諸多挑戰一樣，都不是簡單的事。但是，就像我們在《主管這樣帶人就對了》所寫的，正因為領導是一項無比艱難的挑戰，成功時的獎賞才讓人如此滿足。如果能具備更多的領導二元性相關知識並更深入理解，將能帶出最高水準的表現，不管在任何戰場上，領導者和團隊都能獨霸一方，展現領導並取得優勢。

請接下挑戰，成為最高效的領導者。你當然應該為自己負責領域內的大小事擔起絕對責任，但是，你也要努力在你所做的每一件事上盡力求得絕佳平衡，在面對你的下屬、長官、同儕、決策、情緒和人生時，都是如此。走上領導之路，你會發現挑戰、你會找到獎賞，你會看到掙扎、你也會得到滿足。然而，身為領導者，如果你能平衡地思考和行事，你將能達成每一位領導者與每一個團隊追求的目標：贏得最終的勝利。

創新觀點

主管就要這樣帶團隊：領導不是非黑即白，找尋最適當的平衡，極大化你的團隊戰力

2021年5月初版

定價：新臺幣420元

著者	Jocko Willink Leif Babin
譯者	吳書榆
叢書編輯	陳冠豪
校對	吳美滿
內文排版	李偉涵
封面設計	盧卡斯工作室

出版者	聯經出版事業股份有限公司
地址	新北市汐止區大同路一段369號1樓
叢書編輯電話	(02)86925588轉5315
台北聯經書房	台北市新生南路三段94號
電話	(02)23620308
台中分公司	台中市北區崇德路一段198號
暨門市電話	(04)22312023
台中電子信箱	e-mail：linking2@ms42.hinet.net
郵政劃撥帳戶第	0100559-3號
郵撥電話	(02)23620308
印刷者	文聯彩色製版印刷有限公司
總經銷	聯合發行股份有限公司
發行所	新北市新店區寶橋路235巷6弄6號2樓
電話	(02)29178022

副總編輯	陳逸華
總編輯	涂豐恩
總經理	陳芝宇
社長	羅國俊
發行人	林載爵

行政院新聞局出版事業登記證局版臺業字第0130號

本書如有缺頁，破損，倒裝請寄回台北聯經書房更換。 ISBN 978-957-08-5798-6 (平裝)

聯經網址：www.linkingbooks.com.tw

電子信箱：linking@udngroup.com

國家圖書館出版品預行編目資料

主管就要這樣帶團隊：領導不是非黑即白，找尋最適當的平衡，極大化你的團隊戰力/Jocko Willink、Leif Babin 著．吳書榆譯．初版．新北市．聯經．2021年5月．368面．14.8×21公分（創新觀點）
譯自：The dichotomy of leadership: balancing the challenges of extreme ownership to lead and win
ISBN 978-957-08-5798-6（平裝）

1.威林克（Willink, Jocko） 2.領導者 3. 領導統御

494.2 110006121